Vom Verfasser dieses Werkstattbuches erschien ferner:

Konstruktionsaufgaben für den Maschinenbau. Einführung des Studierenden in die Praxis des Gestaltens. 160 Aufgaben mit zahlreichen Lösungen und 300 Figuren. VIII, 184 Seiten. 1950. DM 9.60

Die Aufgabensammlung will dem Ingenieurschüler bei der Ausarbeitung ihm gestellter Konstruktionsaufgaben behilflich sein. Ungeübt und ohne Erfahrung wird es ihm, nur gestützt auf die Erinnerungen aus seinem Werkstatterleben und auf die bei den Vorlesungen gewonnenen Erkenntnisse kaum möglich sein, den Dingen aus Eigenem Gestalt zu geben.

Das Buch ist so aufgebaut, daß der Studierende zwanglos von einfachen Dingen über Probleme stetig zunehmender Schwierigkeiten zu größeren Konstruktionen aufsteigt. Die beigegebenen Lösungen sollen es dem selbständig arbeitenden Ingenieur ermöglichen, seine Ergebnisse zu kontrollieren und zu beurteilen. Bei der Vielfalt der Lösungsmöglichkeiten bleibt aber die Hilfe des Lehrers, d. h. geregelter Unterricht nötig.

WERKSTATTBÜCHER
FÜR BETRIEBSANGESTELLTE, KONSTRUKTEURE UND FACHARBEITER. HERAUSGEGEBEN VON DR.-ING. H. HAAKE, HAMBURG

Jedes Heft 50—70 Seiten stark, mit zahlreichen Abbildungen

Einteilung der bisher erschienenen Hefte nach Fachgebieten

I. Werkstoffe, Hilfsstoffe, Hilfsverfahren
Seite

Der Grauguß. 3. Aufl. Von Chr. Gilles	19
Einwandfreier Formguß. 3. Aufl. Von E. Kothny	30
Stahl- und Temperguß. 3. Aufl. Von E. Kothny	24
Die Baustähle für den Maschinen- und Fahrzeugbau. Von K. Krekeler	75
Die Werkzeugstähle. Von H. Herbers	50
Nichteisenmetalle I — Kupfer, Messing, Bronze, Rotguß —. 2. Aufl. Von R. Hinzmann	45
Nichteisenmetalle II — Leichtmetalle —. 2. Aufl. Von R. Hinzmann	53
Härten und Vergüten des Stahles. 7. Aufl. Von H. Herbers	7
Die Praxis der Warmbehandlung des Stahles. 6. Aufl. Von P. Klostermann	8
Elektrowärme in der Eisen- und Metallindustrie. 2. Aufl. Von O. Wundram	69
Die Gaswärme im Werkstättenbetrieb. Von F. Schuster (Im Druck)	115
Brennhärten. 2. Aufl. Von H. W. Grönegreß	89
Hitzehärtbare Kunststoffe — Duroplaste —. Von A. Nielsen †	109
Nichthärtbare Kunststoffe — Thermoplaste —. Von H. Determann	110
Die Brennstoffe. 2. Aufl. Von E. Kothny	32
Öl im Betrieb. 3. Aufl. Von K. Krekeler u. P. Beuerlein	48
Farbspritzen. 2. Aufl. Von R. Klose	49
Anstrichstoffe und Anstrichverfahren. Von R. Klose	103
Rezepte für die Werkstatt. 5. Aufl. Von F. Spitzer	9
Furniere — Sperrholz — Schichtholz I. 2. Aufl. Von J. Bittner	76
Furniere — Sperrholz — Schichtholz II. 2. Aufl. Von L. Klotz	77

II. Spangebende Formung

Die Zerspanbarkeit der Werkstoffe. 3. Aufl. Von K. Krekeler	61
Hartmetalle in der Werkstatt. Von F. W. Leier	62
Gewindeschneiden. 5. Aufl. Von O. M. Müller	1
Bohren. 4. Aufl. Von J. Dinnebier	15
Senken und Reiben. 4. Aufl. Von J. Dinnebier	16
Innenräume. 3. Aufl. Von A. Schatz	26

(Fortsetzung 3. Umschlagseite)

WERKSTATTBÜCHER
FÜR BETRIEBSANGESTELLTE, KONSTRUKTEURE UND FACH-
ARBEITER. HERAUSGEBER DR.-ING. H. HAAKE, HAMBURG
==== HEFT 112 ====

Das Lesen technischer Zeichnungen

Von

Dipl.-Ing. Walter Beinhoff
Hamburg

Mit 140 Abbildungen

Springer-Verlag
Berlin/Göttingen/Heidelberg
1954

ISBN 978-3-540-01861-2   ISBN 978-3-642-86066-9   (eBook)
DOI 10.1007/978-3-642-86066-9

Inhaltsverzeichnis.

	Seite
Vorwort	3
I. Die Projektionsregeln	4
1. Die zeichnerische Darstellung von Körpern (Abb. 1···9)	4
2. Übungsbeispiele mit Lösungen (Abb. 10···40)	5
II. Leseübungen an geometrischen Körpern	9
A. Anleitungen	9
1. Die räumliche Vorstellung	9
2. Hilfsbezeichnungen für die Lesestudien (Abb. 41)	9
B. Übungen an geometrischen Körpern	9
1. Übungsgruppe (Abb. 42···57)	10
2. Übungsgruppe (Abb. 58···64)	14
3. Übungsgruppe (Abb. 65···70)	15
4. Übungsgruppe (Abb. 71···75): Kohlenschütte	17
III. Leseübungen an Werkstattzeichnungen	19
A. Zweck der Werkstattzeichnung	19
B. Übungen im Lesen von Werkstattzeichnungen	20
1. Schließkasten (Abb. 76···82)	20
2. Riegel (Abb. 83)	21
3. Hammerbär (Abb. 84···86)	22
4. Schneckenradbock (Abb. 87···92)	23
5. Trickschieber (Abb. 93···96)	25
6. Lager für einen Hebebaum (Abb. 97···101)	27
7. Genieteter Duralblechhebel (Abb. 102···112)	29
8. Kreuzkopf (Abb. 113···121)	33
9. Umschaltkonsol (Abb. 122)	37
10. Vierfachstahlhalter mit Untersatz (Abb. 123···140)	42
IV. Schrifttum	52

Alle Rechte, insbesondere das der Übersetzung in fremde Sprachen, vorbehalten. Ohne ausdrückliche Genehmigung des Verlages ist es auch nicht gestattet, dieses Buch oder Teile daraus auf photomechanischem Wege (Photokopie, Mikrokopie) zu vervielfältigen.

Vorwort.

Dem Bau einer Maschine, Brücke oder Apparatur geht im allgemeinen die Konstruktion voraus. Mit allen Einzelheiten erfolgt die Darstellung auf dem Papier so vollständig, daß der Gegenstand nach diesen Zeichnungen ohne weitere Anweisungen des Konstrukteurs ausgeführt werden kann. Wer mit technischen Zeichnungen zu tun hat, der Ingenieur, der Werkmeister, der Facharbeiter, der technische Kaufmann, muß diese Sprache des Konstrukteurs verstehen. Er kommt durch Übung dahin, daß er die Zeichnung wie die Schrift in einem Buche liest.

Für den Ingenieur ist die Kenntnis der Zeichnung ein selbstverständliches und unmittelbares Ergebnis seiner Schulung im Konstruieren. Für alle anderen, die beruflich keine Zeichnungen anzufertigen brauchen, ist es mühsam und zeitraubend, den zeichnerischen Ausbildungsweg des Konstrukteurs zu gehen. Der Verfasser glaubt, im vorliegenden Werkstattbuche eine Methode entwickelt zu haben, die das Zeichnunglesen vermittelt, ohne daß der Lernende dabei auf dem Reißbrett mit Zirkel und Lineal selbst Zeichnungen anzufertigen braucht, die äußerlich die Schöpfungen des Konstrukteurs nachahmen. Er empfiehlt allerdings dringend eine gründliche Übung im Skizzieren und versteht darunter das freihändige Zeichnen nach Augenmaß, also ohne Benutzung von Zirkel und Lineal, wie es ja auch in dem von jedem Lehrling der einschlägigen Fachrichtungen geführten Berichtsheft fleißig geübt wird. Diese Kunst, mit genialer Flüchtigkeit ein klares Bild auf das Papier zu werfen, ist für alle, die mit Konstruktionszeichnungen in Berührung kommen, ungemein wichtig. Sie stärkt das Schätzungsvermögen, vermittelt die Fähigkeit, Größenverhältnisse richtig zu erkennen und wiederzugeben und erzieht zur Ordnung. Der Verfasser hat eine große Zahl von Aufgaben steigender Schwierigkeit gestellt, um so das Skizzieren und die Raumvorstellung möglichst vielseitig zu schulen.

Wer dieses Werkstattbuch sorgfältig studiert und die darin gestellten Aufgaben selbständig löst, wird nachher auch beim Lesen umfangreicher Zeichnungen keine großen Schwierigkeiten mehr finden. Es wendet sich auch an solche Leser, die, wie manche technische Kaufleute, keinen Zeichenunterricht genossen haben, und bringt daher im Anfang auch das Wichtigste über die technische Darstellung. Der Hauptteil befaßt sich mit der eigentlichen Fachzeichnung, wobei die zumal für die Anfertigung technischer Zeichnungen wichtigen Fragen der Grundnormen, Werkstoff- und Zeichnungsnormen, Toleranzen und Passungen unter Hinweis auf die dafür geschriebenen besonderen Veröffentlichungen hier nur gestreift werden konnten.

Der Verfasser würde es begrüßen, wenn dieses Büchlein, das in erster Linie für das Selbststudium gedacht ist, auch in Kreisen der Berufsschulen und Fachschulen Beachtung fände. Für Anregungen und Wünsche zur nächsten Auflage wäre er sehr dankbar.

Für die bereitwillige Hergabe von Werkzeichnungen, aus denen die Beispiele dieses Buches ausgewählt worden sind, sei besonders den folgenden Firmen auch an dieser Stelle verbindlichst gedankt:

Heidenreich & Harbeck, Werkzeugmaschinenfabrik, Hamburg 33,
Christiansen & Meyer, Maschinenfabrik und Kesselschmiede, Hamburg-Harburg,
Index-Werke K.G., Hahn & Tessky, Eßlingen a. N.

I. Die Projektionsregeln.

Die Maschinenzeichnung unterscheidet sich von dem Bilde des Kunstmalers dadurch, daß sie den dargestellten Gegenstand nicht nur von einer Seite und ohne Bindung an die Wirklichkeit abbildet, sondern ihn in Form und Größe eindeutig, vollständig und genau wiedergibt. Sie zeigt also auch das Innere bei Hohlkörpern. Dazu kommen Angaben über die Werkstoffe, sämtliche für die Herstellung wichtigen Maße, Hinweise über das Wo und Wie der Bearbeitung und Vorschriften über die Art, wie zwei ineinandergesteckte Teile (Lager und Welle, Kurbelwelle und Schwungrad) zueinander passen sollen.

1. Die zeichnerische Darstellung von Körpern.

Wenn man einen Körper im Sinne einer technischen Zeichnung abbilden will, so denkt man ihn sich in passender Stellung über dem Zeichenbogen schwebend und sein Bild durch eine Flut paralleler, zur Zeichenfläche senkrechter Lichtstrahlen (ähnlich dem Schatten) in die Zeichenfläche geworfen (projiziert). Abb. 1

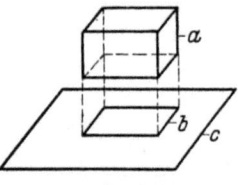

Abb. 1. Das Projizieren eines Körpers auf eine Ebene (Schattenbild).

a Körper; *b* Projektion (Bild)
c Projektionsebene (Zeichenbogen).

Abb. 2. Geschlossene Streichholzschachtel.
V Vorderansicht;
D Draufsicht;
S_l Seitenansicht von links.

Abb. 3—7. Projektionsregeln.

Von einer *geschlossenen Streichholzschachtel* erhalten wir so das Bild eines Rechtecks, das wir mit „Vorderansicht" (*V*) bezeichnen wollen (Abb. 2). Es zeigt die Länge und Breite der Schachtel, sagt aber nichts über ihre Dicke. Wir drehen den Körper um 90° nach unten, projizieren noch einmal und nennen dieses Bild die „Draufsicht" (*D*). Dann sind alle drei Ausdehnungen des Körpers gezeigt, aber die Darstellung ist noch nicht eindeutig. Die Abbildungen 3···5 lassen erkennen, daß bei diesen drei Körpern die Vorderansicht und die Draufsicht gleich ausfallen. Wir schaffen eine dritte Ansicht, indem wir den Körper Abb. 2 von der Vorderansichtstellung aus um 90° nach der rechten Seite drehen und noch einmal projizieren. Dieses Bild heißt „Seitenansicht" (*S*) und zwar hier, da von links gesehen, S_l. Wir sehen, daß auch dieses Gesamtbild (drei Ansichten) noch nicht befriedigt, weil man über das unsichtbare Innere der Schachtel nichts erfährt. Abb. 6 zeigt die vollständige Darstellung. Bei ihr sind die Innenteile gezeigt, und sie sind durch dünn gestrichelte Linien als solche kenntlich gemacht. Weil nun sehr viele gestrichelte Linien das Bild verschwommen und unübersichtlich machen würden, zeichnet man gerne Schnittbilder, wie in Abb. 7 gezeigt. Bei vielgestaltigen Körpern kommt man mit den bisher gegebenen Ansichten und Schnitten nicht aus. Es werden dann so viele Ansichten und Schnitte gezeichnet, wie zur Klarstellung erforderlich sind. Ein ausführliches Beispiel für die Hauptmöglichkeiten der Darstellung zeigt in den Abbildungen 8 und 9 das Beispiel der *geöffneten Streichholzschachtel*. Es muß allerdings gesagt werden, daß für die Herstellung *dieses* Körpers die Vorderansicht, Seitenansicht und Schnitt $A-B$ genügen. Vom Konstrukteur wird verlangt, daß er im

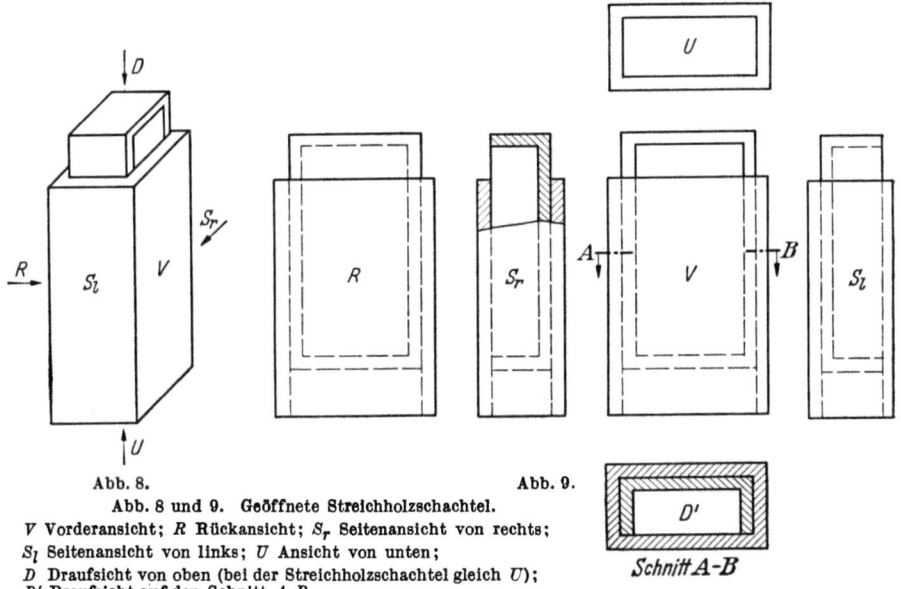

Abb. 8. Abb. 9.
Abb. 8 und 9. Geöffnete Streichholzschachtel.
V Vorderansicht; R Rückansicht; S_r Seitenansicht von rechts; S_l Seitenansicht von links; U Ansicht von unten; D Draufsicht von oben (bei der Streichholzschachtel gleich U); D' Draufsicht auf den Schnitt A-B.

Interesse der Klarheit und Übersichtlichkeit, ohne die Eindeutigkeit der Zeichnung zu beeinträchtigen, mit möglichst wenigen Ansichten und Schnitten auskommt und daß er gestrichelte Linien fortläßt, wenn sie zur Klarstellung nicht erforderlich sind. Zu betonen ist noch, daß, wenn die Körperlage für die Vorderansicht nach freier Wahl festgelegt ist, die Seitenansicht in der Regel von links, die Draufsicht von oben gesehen wird. Ausnahmen werden als solche besonders gekennzeichnet. Die Seitenansicht soll mit der Vorderansicht in gleicher Höhe, die Draufsicht genau senkrecht unter der Vorderansicht liegen.

2. Übungsbeispiele mit Lösungen.

Es empfiehlt sich, zwecks gründlicher Einarbeitung die in den Abb. 10···22 gegebenen Beispiele zu durchdenken und nachzuskizzieren. Lösungen bieten die Abb. 23···40. Darüber hinaus wird geraten, in Anlehnung an diese Beispiele selbst Körper auszuwählen und in Skizzen zur Darstellung zu bringen.

a) In den Abb. 10, 11, 12, 19, 20, 21, 22 sollen die mit a, b und c gekennzeichneten Teile fortgenommen werden. Die Säge bewegt sich jeweilig auf den Randlinien der schraffierten Flächen; ihr Lauf ist senkrecht zur Zeichenfläche gerichtet. Die Restkörper sind je in 3 Ansichten darzustellen. Lösungen in Abb. 23, 24, 25, 32, 33, 34, 39.

b) In Abb. 13 ist das dreiseitige Prisma mit den ebenen Schnitten ABC und ABD in drei Teile zu zerlegen. Die Teile sind jeder für sich in drei Ansichten darzustellen. Lösung in Abb. 26.

c) In Abb. 14 ist der Schnitt $A-B$ in die anderen Ansichten zu übertragen und die Schnittfläche in wahrer Größe zu zeichnen. Lösung in Abb. 27.

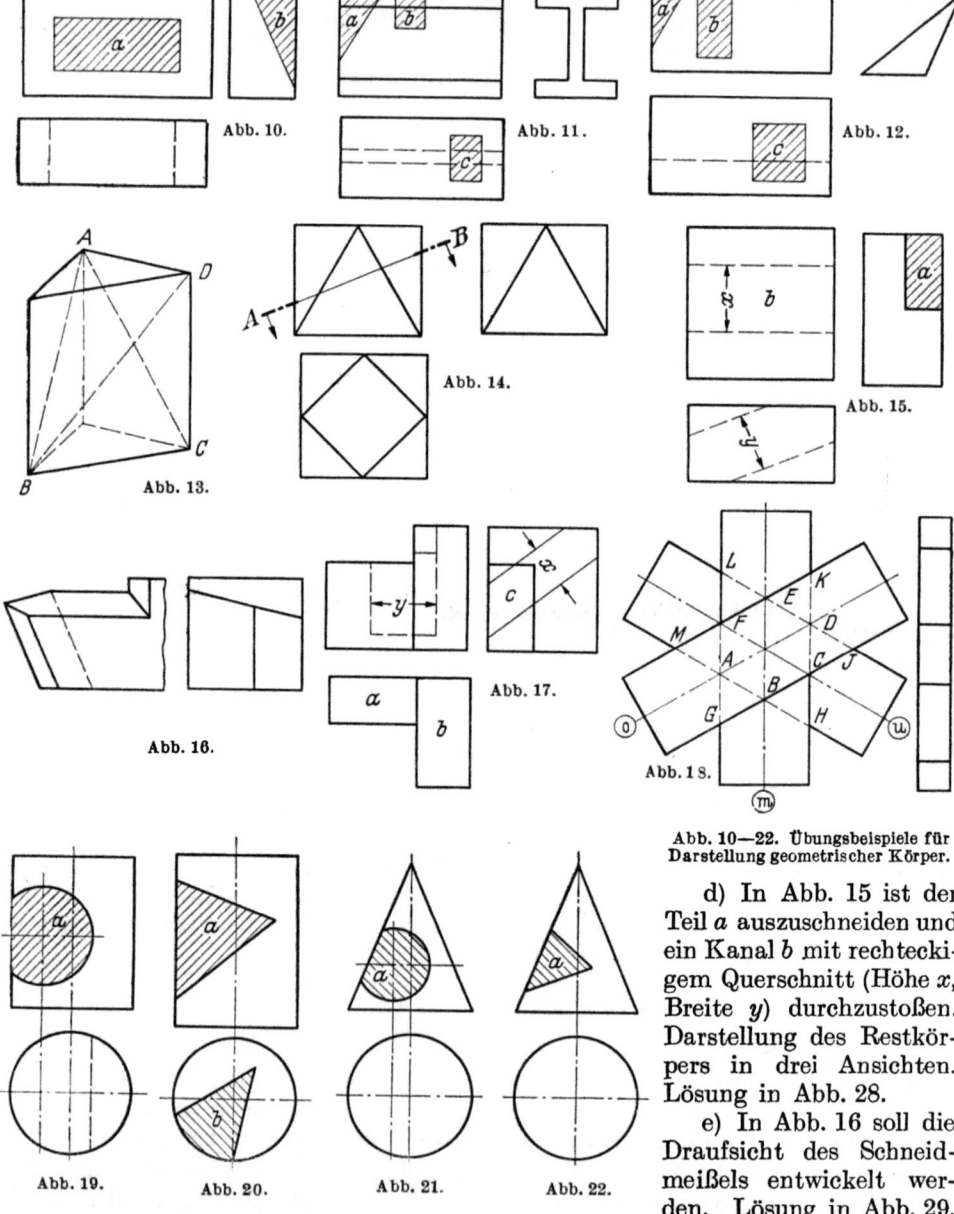

Abb. 10—22. Übungsbeispiele für Darstellung geometrischer Körper.

d) In Abb. 15 ist der Teil a auszuschneiden und ein Kanal b mit rechteckigem Querschnitt (Höhe x, Breite y) durchzustoßen. Darstellung des Restkörpers in drei Ansichten. Lösung in Abb. 28.

e) In Abb. 16 soll die Draufsicht des Schneidmeißels entwickelt werden. Lösung in Abb. 29.

f) In Abb. 17 verschmelzen die Teile a und b zu *einem* Körper. Ein Kanal mit rechteckigem Querschnitt (Höhe x, Breite y) ist durchzustoßen. Darstellung des Restkörpers in 3 Ansichten. Lösung in Abb. 30.

Übungsbeispiele mit Lösungen.

g) In Abb. 18 sind drei Flachstäbe m, o und u zu einem Stern so verbunden, daß in der Mitte keine Verdickung stattfindet. Die drei Stäbe sind jeder für sich mit ihren Ausklinkungen in 3 Ansichten darzustellen. Lösung in Abb. 31.

h) Die Abb. 19…22 und 32…40 zeigen Zylinder- und Kegeldarstellungen mit zugehörigen Abwicklungen.

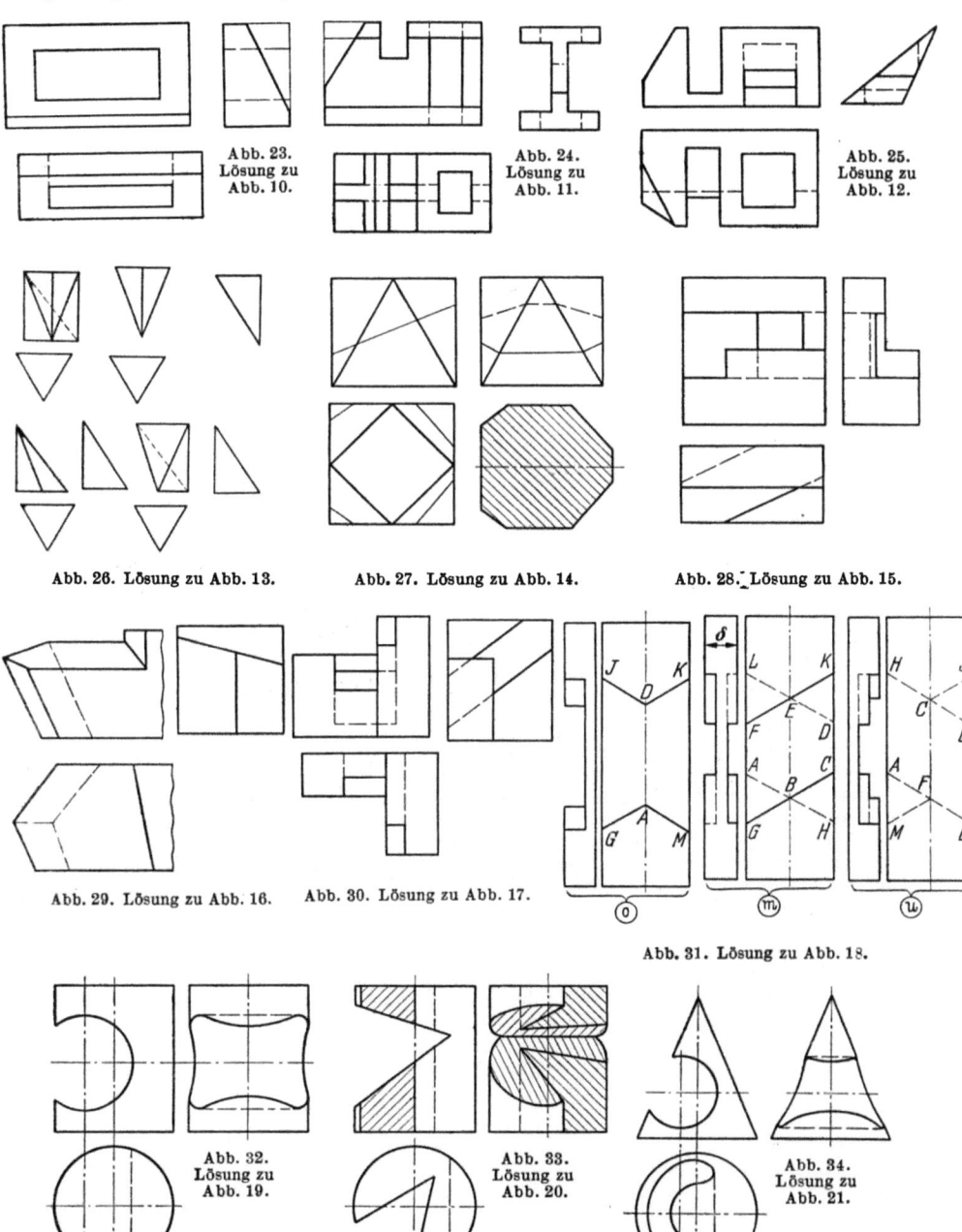

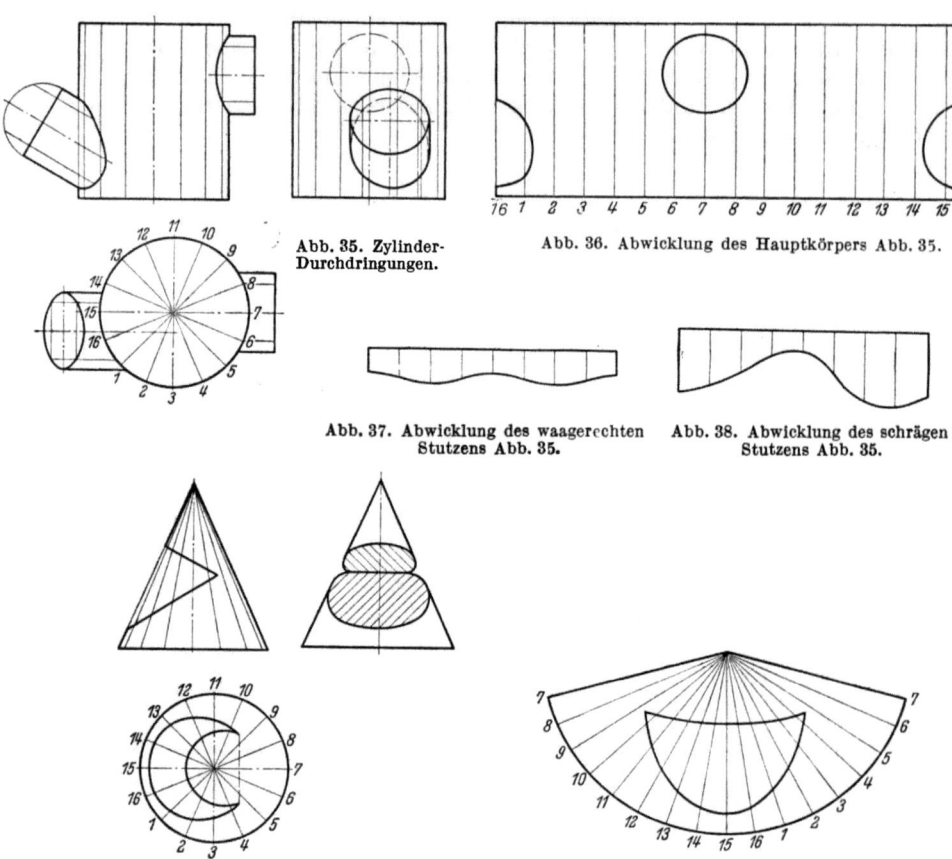

Abb. 35. Zylinder-Durchdringungen.

Abb. 36. Abwicklung des Hauptkörpers Abb. 35.

Abb. 37. Abwicklung des waagerechten Stutzens Abb. 35.

Abb. 38. Abwicklung des schrägen Stutzens Abb. 35.

Abb. 39. Lösung zu Abb. 22.

Abb. 40. Abwicklung des Kegelmantels Abb. 39.

Die Durchdringungskurven des waagerechten und des schrägen Stutzens (Abb. 35) werden punktweise bestimmt. Man zieht auf den Mantelflächen dieser Stutzen in gleichen Abständen Mantellinien. Die auf dem Mantel des großen (stehenden) Zylinders gelegenen Endpunkte dieser Mantellinien liegen in der Draufsicht fest. Sie werden für jede Mantellinie aus der Draufsicht auf die entsprechende Mantellinie der Vorderansicht projiziert. Die so entstandenen Durchdringungspunkte der Mantellinien legen die Durchdringungskurve fest.

Je zwei gleichbedeutende Punkte der Durchdringungskurve des schrägen Zylinders in der Vorderansicht und Draufsicht legen einen entsprechenden Punkt der Kurve in der Seitenansicht fest.

Die Mantellinien auf den drei Zylindern werden auch für die Konstruktion der Abwicklungen (Abb. 36, 37, 38) benutzt.

Entsprechendes für den Kegel möge der Leser durch Studium der Abb. 39 und 40 finden.

II. Leseübungen an geometrischen Körpern.
A. Anleitungen.
1. Die räumliche Vorstellung.

Es wird mit einfachen geometrischen Körpern begonnen. Der Leser möge zunächst die Abb. 41 betrachten, ohne sich um die numerierten Punkte zu kümmern, und versuchen, eine räumliche Vorstellung von dem dargestellten Körper zu gewinnen. Er beginnt beispielsweise damit, daß er die beiden Flächen, auf die man in der Seitenansicht S blickt, in den anderen Ansichten aufsucht und daraus feststellt, wie sie zueinander liegen. Er erkennt dann, daß die untere Fläche der Seitenansicht zur Zeichenfläche parallel läuft, während die obere nach oben hin geneigt ist. In sein Bewußtsein treten weiter z. B. die sechs zur Seitenansichtebene senkrecht stehenden Flächen und in kurzer Zeit steht das räumliche Bild vor seinem Auge. Die gleiche Betrachtung wird dann noch von den beiden anderen Ansichten aus angestellt, bis auch hier alle Flächen erfaßt sind.

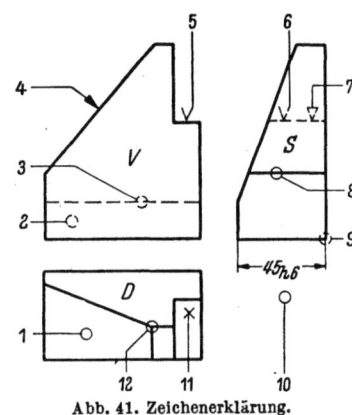

Abb. 41. Zeichenerklärung.

2. Hilfsbezeichnungen für die Lesestudien.

In der Abb. 41 sind nun noch allerlei Zeichen angebracht, die als Hinweiszeichen für alle weiteren Zeichnungen dieses Buches gelten und hier zunächst erläutert werden sollen. Sie dienen zur Kennzeichnung der einzelnen Teile der Zeichnung, deren Klärung verlangt wird. Von diesen Zeichen führen Bezugslinien zu den laufenden Nummern am Rande des Blattes, die stets mit 1 beginnen, im Uhrzeigersinn laufen und als Bezugs-Nummern in den Aufgaben und Lösungen verwendet werden.

Erläuterung der Bezeichnungen in Abb. 41.

1 ausgezogener Kreis in einer ihn geschlossen umgebenden sichtbaren Fläche kennzeichnet diese Fläche;
2 gestrichelter Kreis in einer ihn geschlossen umgebenden unsichtbaren Fläche kennzeichnet diese Fläche;
8 ausgezogener Kreis auf einer sichtbaren Geraden kennzeichnet sie für die Länge zwischen zwei Grenzpunkten;
3 gestrichelter Kreis auf einer unsichtbaren Geraden kennzeichnet sie;
4 ausgezogener Pfeil, senkrecht zu einer Geraden, kennzeichnet die durch diese Gerade dargestellte, zur Zeichenfläche senkrechte Ebene, „pfeilberührte Fläche";
7 entspr. Nr. 4, kennzeichnet als gestrichelter Pfeil eine unsichtbare, zur Zeichenfläche senkrechte Ebene;
12 und 9 ausgezogener bzw. gestrichelter Kreis um einen sichtbaren bzw. unsichtbaren Punkt kennzeichnet diesen Punkt;
10 Kreis kennzeichnet eine Angabe, deren Bedeutung erläutert werden soll, hier 45_{h6};
11 Kreuz kennzeichnet eine Stelle in sichtbarer Fläche, an der ein Lot auf diese Fläche gefällt wird;
5 und 6 $\vee\vee$ bedeuten die Anschlagstellen des Lotes am Körper.
Zeichen $\otimes$ vereinigt 1 und 11;
Zeichen ● kennzeichnet einen ganzen Körper.

B. Übungen an geometrischen Körpern.

Die Lesestudien beginnen mit den Abb. 42···57. Es wird davor gewarnt, bei der Bearbeitung der Aufgaben und Fragen von vornherein die Lösungsblätter zu benutzen. Erfolge auf Grund eigenen Nachdenkens führen schneller zum Endziel und machen mehr Freude.

Leseübungen an geometrischen Körpern.

1. Übungsgruppe (Abb. 42···57).

Der Körper (Abb. 42) ist aus dem vierseitigen Prisma (Mauerstein) durch Abschneiden der beiden schraffierten Teile entstanden.

Der Körper (Abb. 45) ist aus dem vierseitigen Prisma nach Ausführung des in Abb. 44 angedeuteten Schnittes entstanden. Die Säge setzt auf der Linie $A—B$

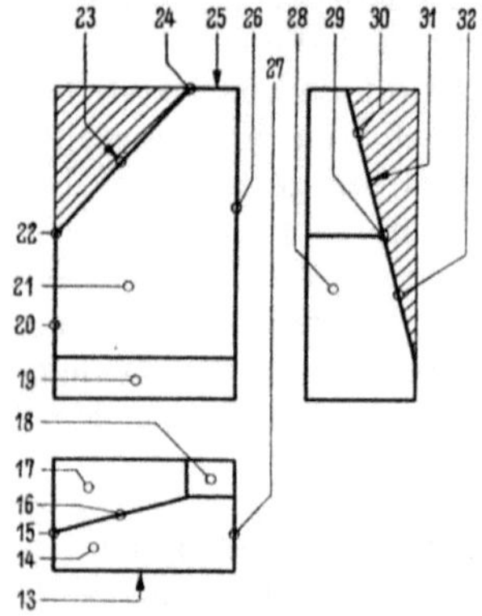

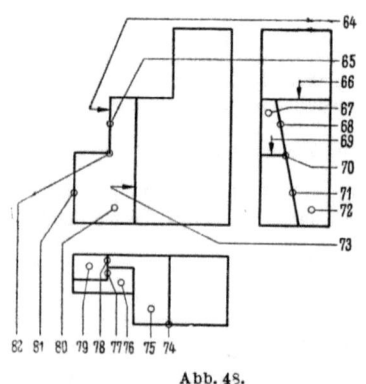

Abb. 42. Erste Leseübung am geometrischen Körper.

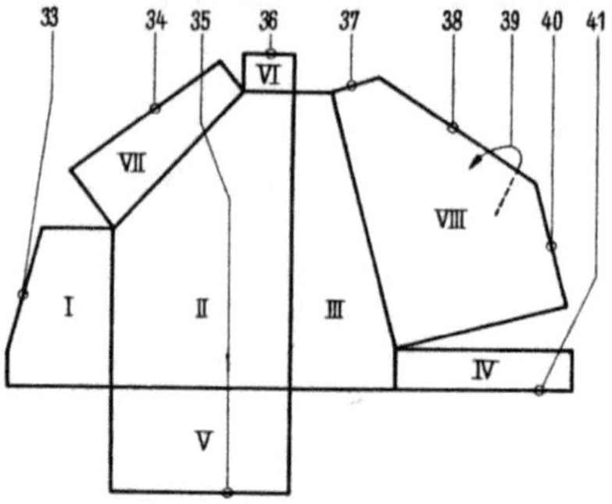

Abb. 43. Abwicklung des Körpers Abb. 42.

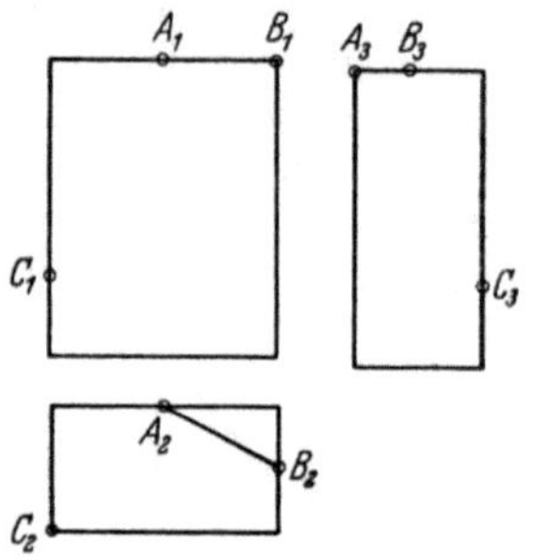

Abb. 44. Darstellung, aus der Abb. 45 entsteht.
Die an dem Körper angenommenen Punkte A, B und C werden in den drei Projektionen durch den Index 1, 2 oder 3 gekennzeichnet.

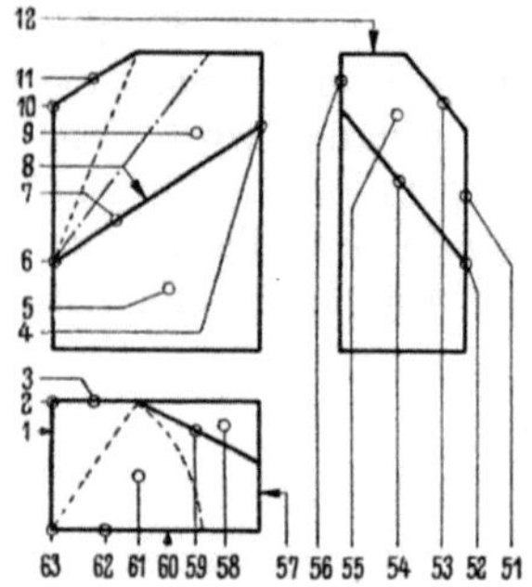

Abb. 45.

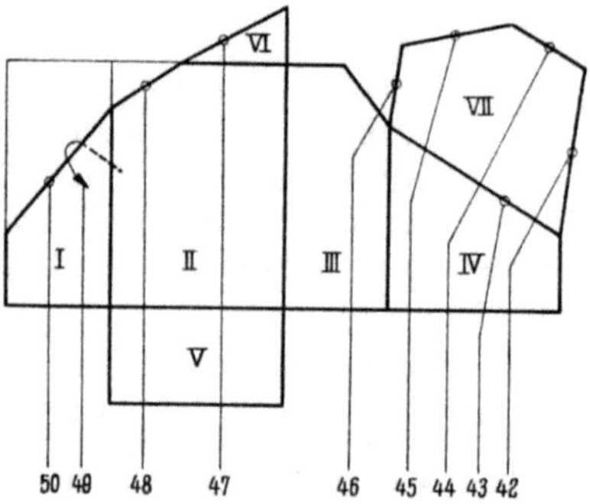

Abb. 46. Abwicklung zu Körper Abb. 45.

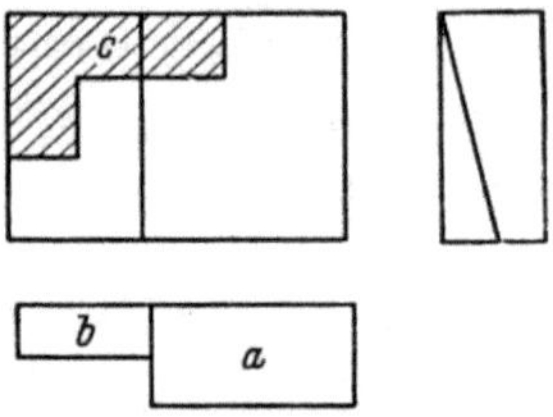

Abb. 47. Anleitung zu Abb. 48.

Abb. 48.

an, geht auf ebener Fläche *schräg* durch den Körper und verläßt ihn im Punkt C. Das abgeschnittene Stück ist fortgenommen.

Abb. 43 u. 46 sind die Abwicklungen der vorgenannten Körper.

Der Körper (Abb. 48) ist entstanden aus der in Abb. 47 gezeigten Zusammenstellung eines vierseitigen und eines dreiseitigen Prismas (a und b). Beide verschmelzen zu *einem* Körper. Der schraffierte Teil c wird herausgeschnitten und fortgenommen.

Aufgaben und Fragen.

a) Die pfeilberührten Flächen bei 1, 8, 13, 23, 25, 31, 57, 60, 64, 66, 69, 73 sind in den anderen Ansichten aufzusuchen und zu umfahren.

1. Übungsgruppe.

b) Die in den Punkten 2, 4, 6, 10, 15, 22, 24, 29, 52, 63, 70, 74, 82 zusammenstoßenden Kanten sind mit Stäbchen räumlich darzustellen und über den entsprechenden Stellen der Zeichnung aufzubauen.

c) Die Punkte 2, 3, 58, 59, 61, 62, 63   4, 5, 6, 7, 9, 10, 11   51, 52, 53, 54, 55, 56
14, 15, 16, 17, 18, 27   19, 20, 21, 22, 23, 24, 26   28, 29, 30, 32
67, 68, 70, 71, 72   74, 75, 76, 77, 78, 79   65, 80, 81, 82

sind gruppenweise entsprechend ihrem Abstand von der betreffenden Projektionsebene zu ordnen. Wie werden die Punkte 4 und 10 in der Konstruktion gefunden?

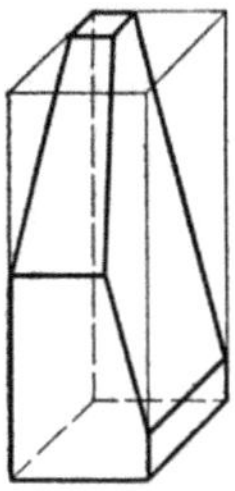

Abb. 49. Körper Abb. 42 in Parallelperspektive. 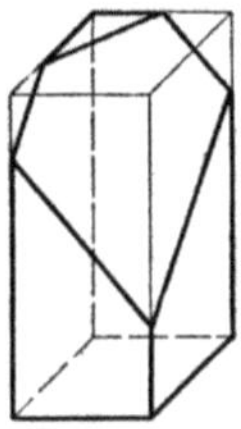
Abb. 50. Körper Abb. 45 in Parallelperspektive. 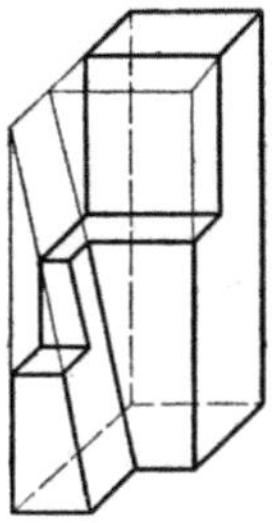
Abb. 51. Körper Abb. 48 in Parallelperspektive. 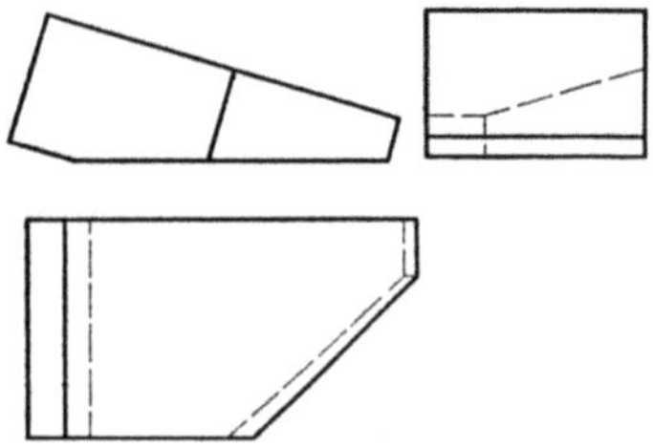
Abb. 52. Lösung zu Aufgabe l.

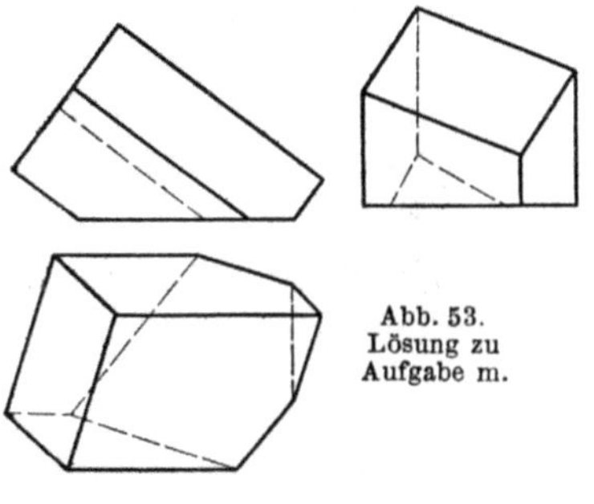

Abb. 53. Lösung zu Aufgabe m.

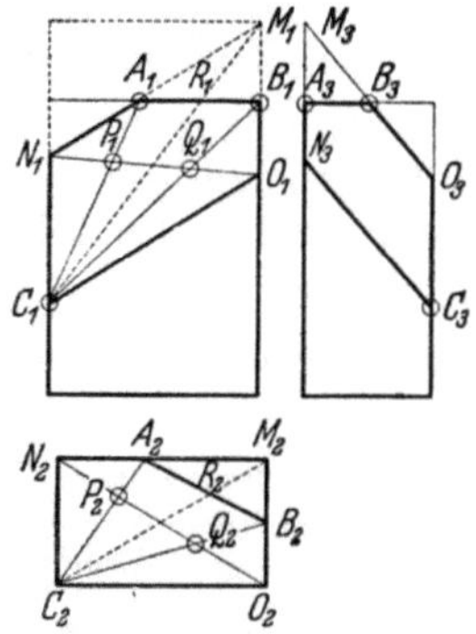

Abb. 54.

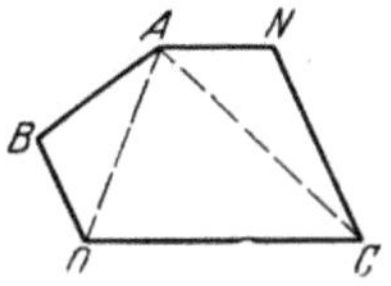

Abb. 55. Konstruktion der Fläche *VII* in Abb. 46.

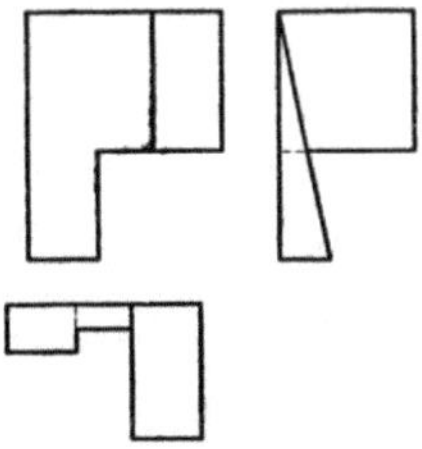

Abb. 54. Konstruktion zu Abb. 45 (Aufg. c). Ziehe A_2C_2, B_2C_2 und N_2O_2, so daß die Schnittpunkte P_2 und Q_2 entstehen. Ziehe A_1C_1 und B_1C_1 und projiziere P_2 und Q_2 auf diese Linien. Dann ergibt die durch P_1Q_1 gelegte Gerade die Punkte N_1 und O_1. — Eine zweite Lösung ist punktiert gezeichnet: Ziehe C_2M_2 und projiziere den Schnittpunkt R_2 mit A_2B_2 auf A_1B_1; ziehe C_1R_1 bis zum Schnittpunkt M_1 (Spitze einer Pyramide); dann liegt N_1 auf der Verlängerung von M_1A_1 und entsprechend O_1 auf der Verlängerung von M_3B_3.

Abb. 56. Restkörper zu Abb. 47/48.

Wahre Länge von OC bei O_1C_1; AN bei A_1N_1; AB bei A_2B_2; BO bei B_2O_2; CN bei C_3N_3.

Die wahren Längen AO und AC werden gefunden, indem man A_2O_2 und A_2C_2 um A_2 soweit dreht, daß beide Linien in die Richtung N_2M_2 fallen (in der Abb. nicht ausgeführt). Damit ergeben sich in der Vorderansicht die wahren Längen. Nun können die drei Teildreiecke der Abb. 55 und damit die ganze Figur konstruiert werden.

d) Die Kanten 3, 7, 11, 16, 23, 26, 27, 30, 32, 65, 68, 71, 77, 78, 81 sind in den anderen Ansichten aufzusuchen. Welche von ihnen haben in einer bestimmten Ansicht wahre Länge?

e) Die Flächen bei 5, 9, 14, 17, 18, 19, 21, 28, 55, 58, 61, 67, 72, 75, 76, 79, 80 sind in den anderen Ansichten aufzusuchen. Welche dieser Flächen sind in wahrer Größe abge-

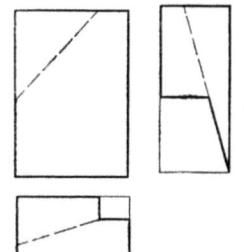

Abb. 57. Restkörper zu Abb. 42.

bildet? Welche Abmessungen in den verkürzt dargestellten Flächen haben wahre Länge? Kommen in der wahren Größe der Fläche 9 rechte Winkel vor?

f) Zu den mit römischen Ziffern in den Abwicklungen bezeichneten Flächen sind die Nummern der entsprechenden Flächen in den Abb. 42 und 45 anzugeben. Beispiel: VIII entspricht 21. In der Fläche VII (Abb. 43) ist ein grober Zeichenfehler festzustellen und zu verbessern.

g) Die Kanten 33, 34, 35, 36, 37, 38, 40, 41 sind paarweise so zusammenzustellen, wie sie beim Zusammenbau aufeinanderfallen.

h) Ergibt sich mit der Biegerichtung 39 beim Zusammenbau der in Abb. 42 dargestellte Körper? Kommt es überhaupt auf die Biegerichtung an?

i) Die Kanten 42, 44, 45, 47, 48, 50 sind paarweise so zusammenzustellen, wie sie beim Zusammenbau aufeinanderfallen.

Inwiefern lassen die Kantenpaare 42/46 und 43/44 eine Kontrolle für Genauigkeit der Zeichnung zu?

Wie ist die Fläche VII in Abb. 46 zu konstruieren?

j) Ist die Biegerichtung 49 richtig angegeben?

k) Die in den Abb. 42, 45, 48 dargestellten Körper sind in Parallelperspektive aufzuzeichnen.

l) Der in Abb. 42 dargestellte Körper ist so in 3 Ansichten aufzuzeichnen, daß die Fläche 21 in die Draufsichtebene zu liegen kommt und daß die Vorderansicht in Form und Größe mit der ursprünglichen Seitenansicht übereinstimmt.

m) Der in Abb. 45 dargestellte Körper ist so in 3 Ansichten aufzuzeichnen, daß die Fläche 9 in die Draufsichtebene zu liegen kommt und daß in der Vorderansicht die Längskanten des Körpers parallel zur Zeichenebene liegen.

n) Die abgeschnittenen Teile der in den Abb. 42 und 47/48 dargestellten Körper sind je in 3 Ansichten als *ein* zusammenhängender Körper aufzuzeichnen.

Tabelle 1. *Lösungen zur 1. Übungsgruppe.*

Nummer der Aufgabe	Nummer der Lösung			Nummer der Aufgabe	Nummer der Lösung				
a) 1	Trapez unterhalb Linie 54			b)	Als selbständige Übung gedacht, daher hier nicht ausgeführt.				
8	Pfeil berührt keine zur Zeichenfläche senkrechte Fläche.								
13	19			c)	63 62 61 2 3 58/59				Die als Bruch geschriebenen Zahlen kennzeichnen Punkte gleicher Höhe.
23	17	Aufgabe	Lösung		10/11 9 4/5/6/7				
25	18	64	67		53 55 51 56 52/54				
31	21	66	75		14 15/27 17 16 18				
		69	79		24 23 26 22 21 20 19				
		73	72		30 28/29/32				
57	Spiegelbild der Seitenansicht ohne Kante 54				72 67/68 70/71				
					76 79 77 75/78 74				
60	5				65 82 81 80				

1. Übungsgruppe.

Nummer der Aufgabe	Nummer der Lösung
d) 3	Konstruktion der Punkte 4 u. 10 siehe Abb. 54
	11 11 hat wahre Länge
7	51 u. 62 7 wahre Länge
11	3 u. 56 11 wahre Länge
16	23 u. 30
23	16 u. 30
26	27 u. (30+32) (unsichtbar) (30+32) wahre Länge
32	20 32 wahre Länge
65	68 u. 77 68 wahre Länge
71	81 71 wahre Länge
78	oberhalb 67, beide haben w. Lg.
e) 5	60 5 hat wahre Größe
9	55 u. 61 In 9 haben 7 u. 11 wahre Länge In 55 haben 53 u. 54 wahre Länge In 61 hat 59 wahre Länge
14	21 u. 31 In 14 haben die waagerechten Linien w. Lg. In 21 haben die waagerechten Linien w. Lg. In 31 haben 32 u. (30+32) (unsichtb.) w. Länge
17	23 In 17 haben die senkrechten Linien wahre Länge In 23 hat die unsichtbare Linie 23 wahre Länge
18	25 18 hat wahre Größe
19	13 19 hat wahre Größe
28	In Vorderansicht und Draufsicht als gerade Linie abgebildet. 28 hat wahre Größe
58	12 58 hat wahre Größe
67	64 67 hat wahre Größe
72	73 72 hat wahre Größe
75	66 75 hat wahre Größe

Nummer der Aufgabe	Nummer der Lösung		
76	80 In beiden Ansichten haben die waagerechten Linien wahre Länge		
79	69 79 hat wahre Größe		
f) Abb. 43 I	28	f) Abb. 46 I	untere Fläche der Seitenans.
II	Rückfläche der Vorderansicht	II	Rückfläche der Vorderansicht
III	Rückfläche der Seitenansicht	III	57
IV	19	IV	5
V	Grundfl. der Draufsicht	V	Grundfl. der Draufsicht
VI	18	VI	12 u. 58
VII	17	VII	9 u. 55 u. 61
VIII	21		
	Die rechten Winkel in VII, Abb. 43, liegen unrichtig		
g)	33/40 34/38 36/37 35/41		
h)	Ja! Bei umgekehrter Biegerichtung entsteht nicht der Körper nach Abb. 42		
i)	42/50 44/48 45/47		
	Es muß sein 42∥46 43∥44		
	Konstr. der Fläche VII siehe Abb. 55		
j)	Biegerichtung ist richtig		
k)	siehe Abb. 49, 50, 51		
l)	siehe Abb. 52		
m)	siehe Abb. 53		
n)	siehe Abb. 56, 57		

2. Übungsgruppe (Abb. 58⋯64).

In ein vierseitiges Prisma (Mauerstein) werden ein Ausschnitt *a* und eine Nute *b* (Abb. 58) bzw. ein Kanal *N* (Abb. 59) von der Breite x und der Höhe y eingearbeitet. Die Konstruktion ist für Abb. 58 vollständig durchgeführt, Abb. 59 soll als Übungsaufgabe in gleicher Weise wie Abb. 58 bearbeitet werden.

Aufgaben und Fragen (Abb. 58, 59, 60, 61, 62, 63, 64).

a) Die bei 1, 2, 3, 8, 10, 11, 14 pfeilberührten Flächen sind jeweils in den anderen Ansichten aufzusuchen und zu umfahren. Soweit sie verkürzt dargestellt sind, ist ihre wahre Größe zu entwickeln.

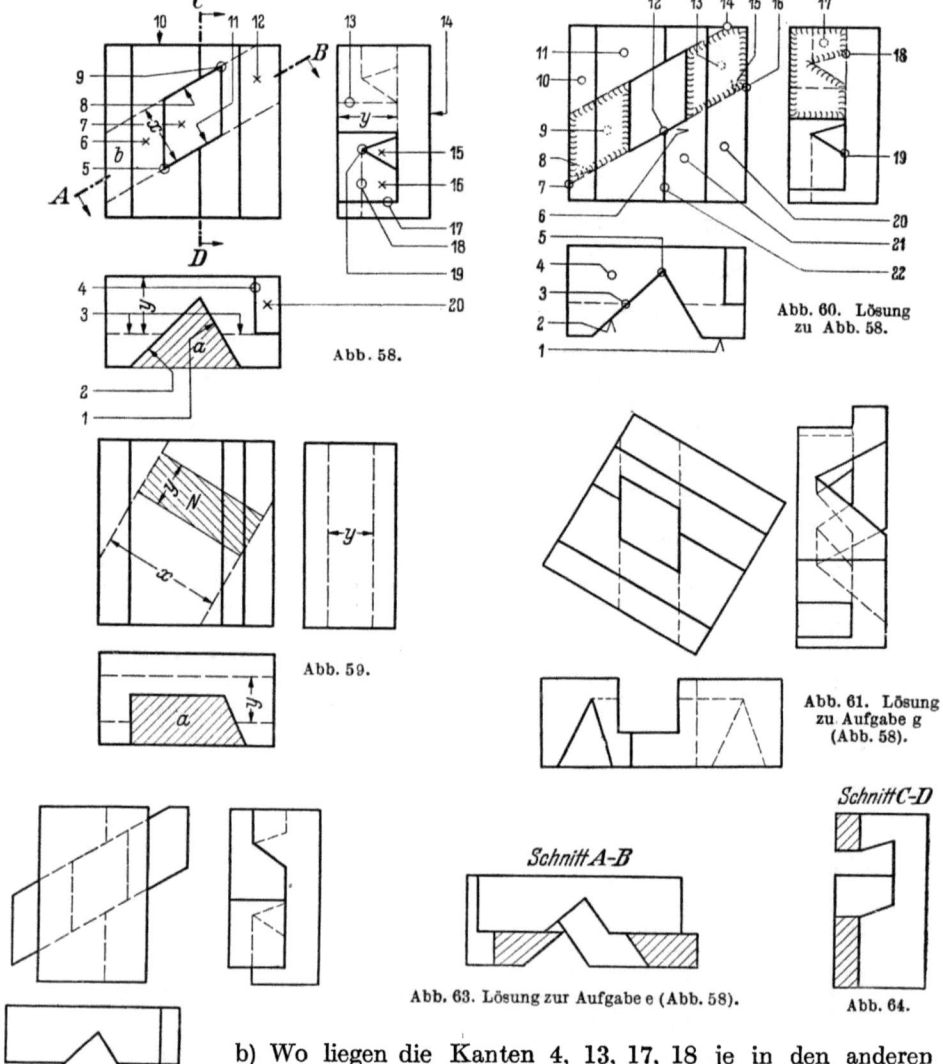

b) Wo liegen die Kanten 4, 13, 17, 18 je in den anderen Ansichten?

c) Wo liegen die Punkte 5, 9, 19 je in den anderen Ansichten?

2. u. 3. Übungsgruppe. 15

Die in diesen Punkten zusammenstoßenden Kanten sind je mit Streichhölzern räumlich darzustellen.

d) In den Punkten 6, 7, 12, 15, 16, 20 wird je ein Lot senkrecht zur jeweiligen Zeichenebene auf den Körper gefällt. Die Punkte, wo das Lot anstößt, sind in den anderen Ansichten zu zeigen. Welcher von den Punkten 6 und 12 bzw. 15 und 16 liegt der zugehörigen Zeichenebene am nächsten?

e) Die Schnitte $A-B$ und $C-D$ sind zu zeichnen.

f) Ausschnitt a und Nute b sind als ein zusammenhängender Körper in 3 Ansichten darzustellen.

g) Der in Abb. 58 gegebene Körper ist erneut in 3 Ansichten darzustellen und zwar so, daß die Vorderansicht mit der in Abb. 58 gezeigten in Form und Größe übereinstimmt, daß aber die Längskanten der Nute b zur Draufsichtebene senkrecht stehen.

h) Der in Abb. 59 angedeutete Körper ist in 3 Ansichten vollständig zu zeichnen und in bezug auf Aufgaben und Fragen wie der Körper in Abb. 58 zu behandeln.

Tabelle 2. *Lösungen zur 2. Übungsgruppe.*

Nummer der Aufgabe (Abb. 58)		Nummer der Lösung (Abb. 60)	Nummer der Aufgabe (Abb. 58)		Nummer der Lösung (Abb. 60)
a)	1	21		19	12/5
	2	11	d)	6	2
	3	9/13 umrandet		7	Kein Anschlag
	8	17 umrandet		12	1
	10	4		15	6
	11	entspr. 17		16	8
	14	10 u. 20		20	15
b)	4	14	e)		Abb. 63 u. 64
	13	16	f)		Abb. 62
	17	7	g)		Abb. 61
	18	22	h)		dem Leser überlassen
c)	5	19/3			
	9	18			

3. Übungsgruppe (Abb. 65···70).

Die drei vierseitigen Prismen a, b, c verschmelzen miteinander zu *einem* Körper. Ein Stempel mit dem Querschnitt d der schraffierten Fläche drückt bei Bewegung senkrecht zur Draufsichtebene den gezeichneten Kanal in den Körper.

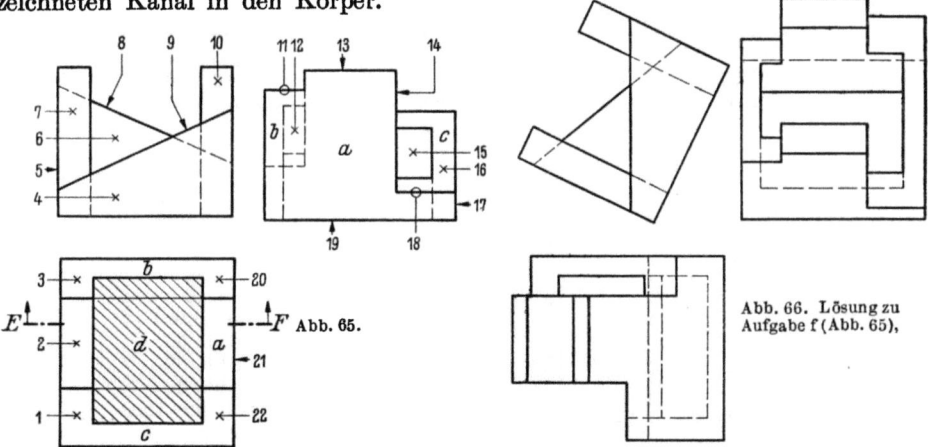

Abb. 65.

Abb. 66. Lösung zu Aufgabe f (Abb. 65).

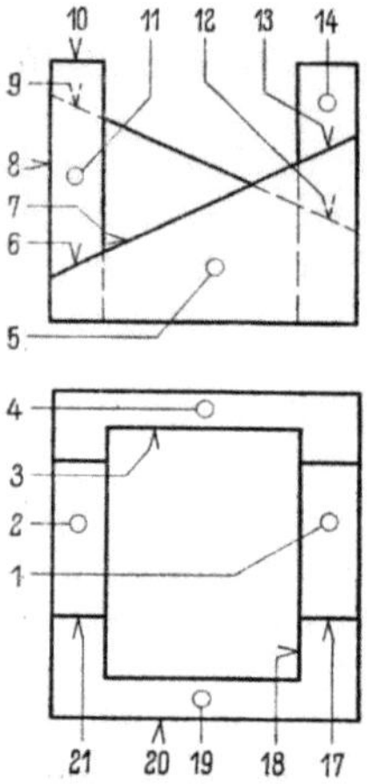

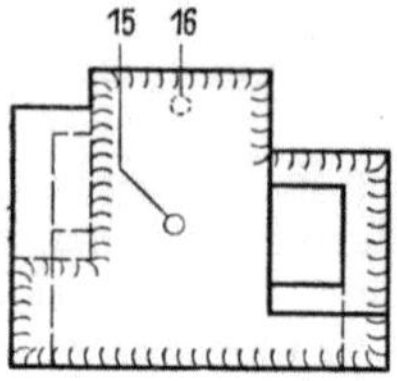

Leseübungen an geometrischen Körpern.

Abb. 67. Lösungen zu Abb. 65.

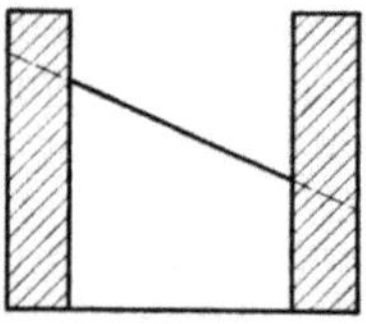

Abb. 68. Schnitt EF zu Abb. 65.

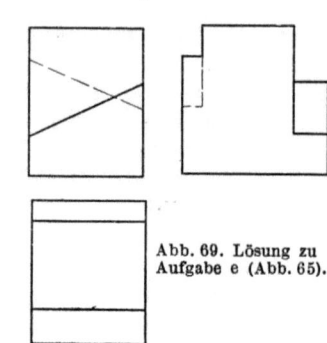

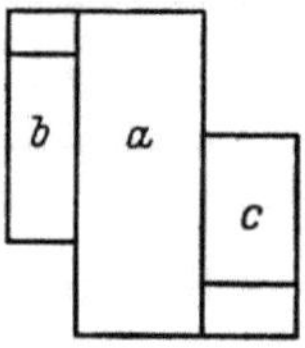

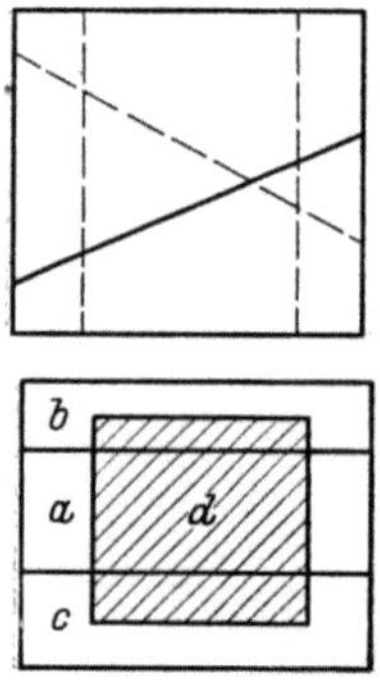

Abb. 69. Lösung zu Aufgabe e (Abb. 65).

Abb. 70.

Aufgaben und Fragen (Abb. 65···70).

a) In den Punkten 1, 2, 3, 4, 6, 7, 10, 12, 15, 16, 20, 22 wird je ein Lot auf die zugehörige Zeichenebene gefällt. Die Fußpunkte dieser Lote sind je in den anderen Ansichten zu zeigen.

b) Die Punkte 1, 2, 3, 20, 22 sind so in einer Reihe zu ordnen, daß der nächstfolgende Punkt immer näher nach der zugehörigen Zeichenebene zu liegt als der vorhergehende. Desgleichen die Punkte 4, 6, 7, 10 und die Punkte 12, 15, 16. Die Punkte liegen stets in der an dieser Stelle sichtbaren Ebene.

c) Die bei 5, 8, 9, 13, 14, 17, 19, 21 pfeilberührten Flächen sind jeweils in den anderen Ansichten aufzusuchen und zu umfahren. Soweit sie verkürzt dargestellt sind, ist ihre wahre Größe zu entwickeln.

d) Der Schnitt $E-F$ ist zu zeichnen.

e) Der von dem Stempel d ausgestoßene Körper ist in 3 Ansichten darzustellen.

f) Der in Abb. 65 gegebene Körper ist erneut in drei Ansichten darzustellen und zwar so, daß die Vorderansicht in Form und Größe mit der in Abb. 65 übereinstimmt, daß aber die Fläche 9 zur Draufsicht senkrecht steht.

g) Der in Abb. 70 angedeutete Körper ist in drei Ansichten vollständig darzustellen und in bezug auf Aufgaben und Fragen wie der Körper in Abb. 65 zu behandeln.

Tabelle 3. *Lösungen zur 3. Übungsgruppe.*

Nummer der Aufgabe (Abb. 65)	Nummer der Lösung (Abb. 67)	Nummer der Aufgabe (Abb. 65)	Nummer der Lösung (Abb. 67)
a) 1	6	c) 5	15
2	10	8	4
3	9	9	19
4	20	13	1/2
6	3	14	11/14
7	21	17	5
10	17	19	□
12	8	21	16 (umrandet)
15	18	d)	Abb. 68
16	7	e)	Abb. 69
20	12	f)	Abb. 66
22	13	g)	dem Leser überlassen
b) 1, 2, 3, 20, 22. 4, 6, 7, 10. 12, 15, 16.	Abb. 65 2, 3, 22, 20, 1. 4, 7/10, 6. 12, 16, 15.		

4. Übungsgruppe: Kohlenschütte (Abb. 71···75)[1].

Aufgaben und Fragen.

a) Wo liegen in der anderen Ansicht die Kanten 1, 5, 9, 11, 14, 17, 21, 22, 27, 32, 40?

Welche dieser Kanten sind in wahrer Länge dargestellt und wo?

Je 2 Kanten der Draufsicht sind in der Vorderansicht durch je *eine* Linie dargestellt. Welche sind es?

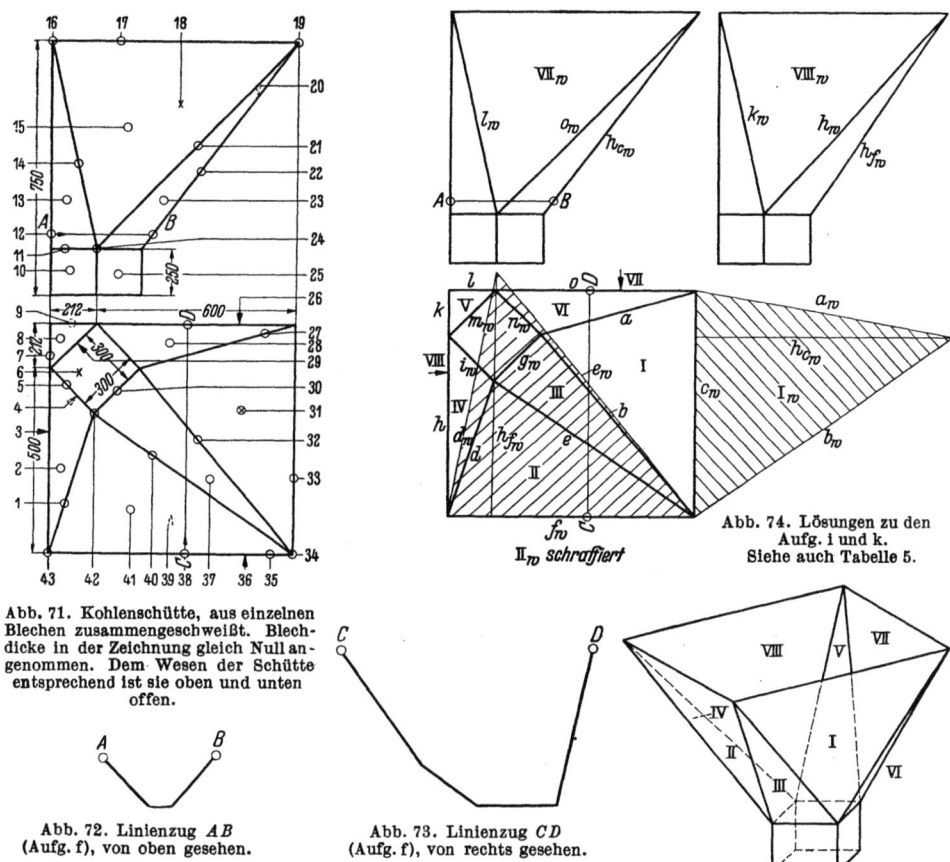

Abb. 71. Kohlenschütte, aus einzelnen Blechen zusammengeschweißt. Blechdicke in der Zeichnung gleich Null angenommen. Dem Wesen der Schütte entsprechend ist sie oben und unten offen.

Abb. 72. Linienzug AB (Aufg. f), von oben gesehen.

Abb. 73. Linienzug CD (Aufg. f), von rechts gesehen.

Abb. 74. Lösungen zu den Aufg. i und k. Siehe auch Tabelle 5.

Abb. 75. Kohlenschütte in Parallelperspektive (Aufg. l).

b) Wo stehen in der anderen Ansicht die Flächen 2, 3, 10, 13, 15, 23, 25, 28, 37, 41? Sie sind mit Stäbchen über der betr. Ansicht aufzubauen.

Welche dieser Flächen sind in wahrer Größe dargestellt und wo?

Welche Kanten der verkürzt dargestellten Flächen haben wahre Länge?

Wie findet man die wahre Größe dieser Flächen?

c) Die pfeilberührten Flächen bei 3, 26, 29, 36 sind in der anderen Ansicht aufzusuchen und zu umfahren.

d) An den Stellen 6, 18, 31 wird je ein Lot senkrecht zur Zeichenfläche auf den Körper gefällt. Die Anschlagstellen sind in der anderen Ansicht festzustellen.

e) Bei 10, 13, 15, 23, 25 liegen je 2 Flächen übereinander. Welche Flächen der Draufsicht sind es?

---

[1]) Prüfaufgabe am pädagogischen Institut Berlin-Charlottenburg.

Leseübungen an geometrischen Körpern.

f) Bei 12 und bei 38 bewegt sich ein Schreibstift auf dem Körper in der Pfeilrichtung von A nach B bzw. von C nach D. Die Bahnen sind aufzuzeichnen.

g) Wieviele Kanten stoßen in den Punkten 16, 19, 24 zusammen? Die Kanten sind mit Stäben über den Punkten aufzubauen.

h) Welche Punkte liegen näher nach der Zeichenebene zu: 32 oder 34, 33 oder 34, 34 oder 43, 42 oder 43?

i) Die Seitenansicht ist zu zeichnen.

j) Der Hohlkörper sei als Vollkörper gedacht. Wodurch würde sich die Darstellung des Vollkörpers von der des Hohlkörpers unterscheiden?

k) Die Abwicklung (das Netz) ist zu zeichnen.

l) Die parallelperspektivische Darstellung ist zu zeichnen.

Tabelle 4. *Lösungen zur 4. Übungsgruppe.*

Nummer der Aufgabe	Nummer der Lösung	Nummer der Aufgabe	Nummer der Lösung
a) 1	14	26	15 (unsichtbar)
5	11 5 hat wahre Länge	29	10 (unsichtbar)
9	14 (unsichtbar) wahre Länge	36	berührt keine zur Zeichenfläche ⊥ Fläche
17	35 17 u. 35 wahre Länge	d) 6	Kein Anschlag
21	40	18	39
22	32 22 bildet Fläche 31 ab	31	20
		e) 10	4 u. 29
27	22 (unsichtbar)	13	2 u. 8
	1 u. 9; 38D u. 40; 27 u. 32 sind in der V durch *eine* Linie dargestellt	15	26 u. 41
		23	28 u. 37
b) 2	13 Kante 5 hat wahre Länge	25	entsprechend 10
8	13 (unsichtbar). In jeder Ansicht eine Kante in wahrer Länge	f)	siehe Abb. 72 u. 73. Linie bei D fehlerhaft gezeichnet
		g) 16	3 Kanten. Vgl. perspektiv. Darstellung Abb. 75
10	5 Kante 5 hat wahre Länge		
13	2	19	4 Kanten. Vgl. perspektiv. Darstellung Abb. 75
15	41 Kante 17/35 wahre Länge	24	5 Kanten. Vgl. perspektiv. Darstellung Abb. 75
23	37 Kante 30 wahre Länge		
25	30 Kante 30 wahre Länge	h) 32/34	32 liegt näher zur D-Ebene
28	23 (unsichtbar). Kante 21 (unsichtbar) und kurze Grundlinie in 28 wahre Länge	33/34	beide gleich hoch
		34/43	beide gleich hoch
37	23	42/43	42 liegt näher zur D-Ebene
	Wahre Größe hat in der V bei 15 (unsichtbar) nur die Fläche bei 26, Entwicklung der wahren Flächengrößen Abb. 74	i)	siehe Abb. 74
		j)	nur darin, daß die inneren Linien der Draufsicht gestrichelt werden müßten
c) 3	in der S Abb. 74 in wahrer Größe	k)	Angaben in der Tabelle 5
		l)	siehe Abb. 75

Tabelle 5. *Konstruktionsgrößen für die Abwicklung nach Abb. 74.*

Bezeichnungen: V Vorderansicht; S Seitenansicht; D Draufsicht; c_w, f_w usw. wahre Größe von c, f usw.; h_{cw} wahre Länge der Höhe h, senkrecht auf c_w im Dreieck I usw.; I_w, II_w wahre Größe der Dreiecke I, II (in Abb. 74 schraffiert).

Dreieck	vorhanden	konstruierte Längen
I	c_w in D h_{cw} aus V	
II	f_w in D h_{fw} aus S	
III	g_w in D	b_w aus I_w e_w aus II_w
IV	i_w in D h_w aus S	d_w aus II_w
V	m_w in D k_w aus S l_w aus V	
VI	n_w in D o_w aus V	a_w aus I_w
VII	VII_w in V	
VIII	VIII_w in S	

III. Leseübungen an Werkstattzeichnungen.
A. Zweck der Werkstattzeichnung.

Die bisher gegebenen Darstellungsgrundsätze und die Regeln für das Studium von Zeichnungen geometrischer Körper gelten auch für die Werkstattzeichnungen des Maschinenbaus und aller verwandten Gewerke. Es wird sich deshalb an dem Grundsätzlichen der bisherigen Art, Zeichnungen zu lesen, nichts ändern. Da aber nach Werkzeichnungen Maschinen gebaut werden sollen, so sind neben der genauen Darstellung des Gegenstandes noch eine Reihe von Angaben notwendig, ohne die eine Fertigung nicht möglich ist. Dazu gehören Vorschriften über die zu verwendenden Werkstoffe, genaue zahlenmäßige Maßangaben, die Kennzeichnung der geforderten Oberflächengüte (wo und wie spangebend bearbeitet werden soll) und die Festlegung der Passungen und Toleranzen. (Angaben darüber, ob ein Bolzen fest oder lose in der Bohrung sitzen soll und über die Größe von Abweichungen vom vorgeschriebenen Nennmaß, die bei der Fertigung geduldet werden können). Vorschriften, die sich zeichentechnisch nicht wiedergeben lassen, werden durch beigefügten Text gegeben, z. B. „Loch erst bei Montage bohren" oder „Schraubenkopf härten".

Teile, die massenweis in immer gleicher Form und Größe an den verschiedensten Maschinen wiederkehren (Schrauben, Bolzen, Stifte, Niete, Keile, Transmissionsteile usw.) sind vom Deutschen Normenausschuß unter dem Zeichen (DIN = „Das Ist Norm") festgelegt. Sie werden in den Zeichnungen in stark vereinfachter Darstellung und ohne Maße oder nur mit Hauptmaßen unter Angabe der DIN-Nummer wiedergegeben. Über die eben genannten Gebiete: Werkstoffe, Maßangaben, Oberflächenbeschaffenheit, Passungen und Normung können in diesem Buche eingehende Angaben nicht gemacht werden. Der Leser lernt sie beim Studium der folgenden Zeichnungen kennen. Wer sich gründlicher mit ihnen beschäftigen will, sei auf die am Schluß dieses Buches genannten Schriften hingewiesen.

B. Übungen im Lesen von Werkstattzeichnungen.

Bei der Vielgestaltigkeit der meisten Werkstattzeichnungen ist es immer notwendig, sich vor der Betrachtung von Feinheiten einen allgemeinen Überblick zu schaffen. Man studiert die Darstellung im ganzen, also in allen Ansichten und Schnitten gleichzeitig. Die Lage der Schnitte wird festgestellt, man sucht zunächst kraß hervortretende Teile in allen Ansichten und Schnitten auf und versucht, eine räumliche Vorstellung von ihnen zu gewinnen, dringt dann allmählig tiefer ein, schafft sich über die Lage von Flächen, Linien und Punkten in den verschiedenen Bildern Klarheit, wobei man sich des Stechzirkels bedient und Abmessungen in der einen Ansicht auf die anderen überträgt und geht dann zu der Lösung der gestellten Aufgaben über. Die selbständige Beantwortung der Fragen und die Ergebniskontrolle an Hand der gegebenen Lösungen führt zu einer völligen Beherrschung der Zeichnung.

1. Schließkasten (Abb. 76···82).

Aufgaben und Fragen.

a) Die pfeilberührten Flächen bei 1, 4, 9, 17, 20 sind in den anderen Ansichten aufzusuchen und zu umfahren.

b) In den Punkten 2, 12, 25 wird ein Lot senkrecht zur Zeichenfläche bis zum Anschlag auf den Körper gefällt. Die Anschlagstelle ist in den anderen Ansichten festzustellen.

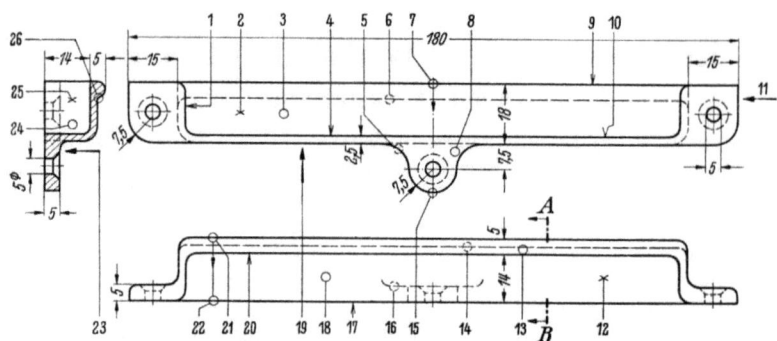

Abb. 76. Schließkasten für Kastenschloß (Werkstoff Messing oder Weißmetall).

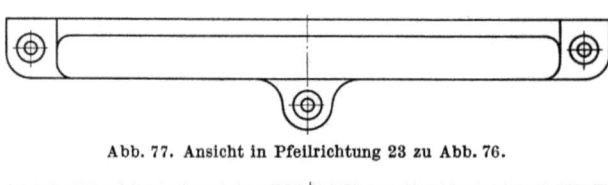

Abb. 77. Ansicht in Pfeilrichtung 23 zu Abb. 76.

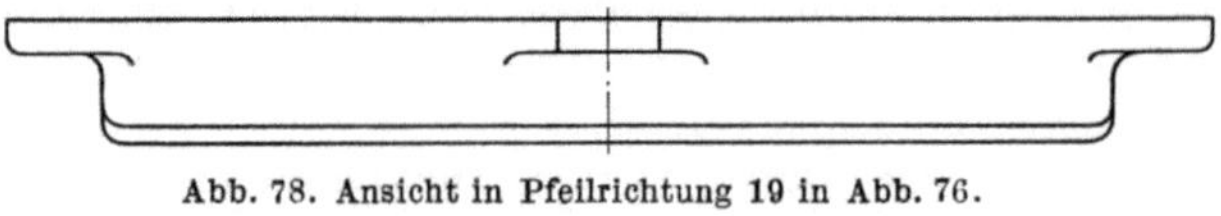

Abb. 78. Ansicht in Pfeilrichtung 19 in Abb. 76.

c) Wo liegen die Kanten bei 6 und 16 in den anderen Ansichten?

d) Von Punkt 7 nach 15 bewegt sich auf den Flächen des Körpers in der Pfeilrichtung ein Punkt. Die Bahn des Punktes ist zu zeichnen. Desgl. von 21 nach 22.

e) Zu zeichnen sind die Ansichten in Pfeilrichtung 11, 19, 23 und der Schnitt $A-B$.

Riegel.

Lösungen.
a) Fläche 1 liegt bei 24, 4 bei 18; 9 bei 13; 17 bei 8; 20 bei 3.
b) 2 bei 20; 12 bei 10; 25 bei 1.
c) 6 bei 14 und 26; 16 bei 5.
d) Abb. 79   Abb. 80
e) Siehe Abb. 77, 78, 81, 82.

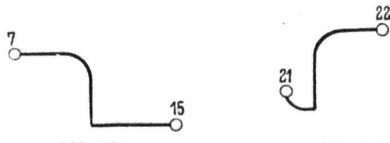

Abb. 79.   Abb. 80.
Abb. 79 u. 80. Lösungen zu Aufgabe d.

Abb. 81. Schnitt AB zu Abb. 76.

Abb. 82. Ansicht in Pfeilrichtung 11 zu Abb. 76.

2. Riegel (Abb. 83).

Tabelle 6. *Teileliste zu Abb. 83.*

Stück	Benennung	Teil	Werkstoff	Gewicht in kg	Bemerkung
1	Riegel	1	St 37	2,1	
1	Schelle	2	„	1,7	
1	Unterlage	3	„	1,8	
4	Sechskantschraube	4	„	1,4	$^3/_4''$, 72 lg.

Aufgaben und Fragen.

a) Welche Bedeutung haben die Linien bei 2, 3, 11, 15, 19, 26, 31, 32, 33?
Wo liegen sie in den anderen Rissen?

b) Die pfeilberührten Flächen bei 4, 8, 10, 13, 18, 23, 30 sind in den anderen Ansichten aufzusuchen und zu umfahren.

c) Wieviele Teile liegen bei 5 übereinander? Wie dick ist der Körper bei 5?

d) Im Punkt 6 steht eine Kante senkrecht zur Zeichenfläche. Wo steht sie in den anderen Rissen?

e) In den Punkten bei 9, 12, 14 wird ein Lot senkrecht zur Zeichenfläche auf den Körper gefällt. Die Anschlagstellen sind in den anderen Ansichten festzustellen.

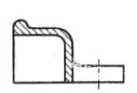
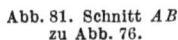
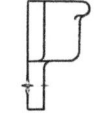

Abb. 83. Riegel.

f) Wie erklärt sich die Abstufung der Linie 25 gegen 27?
g) Die Schelle (2) ist für sich in 3 Ansichten darzustellen.

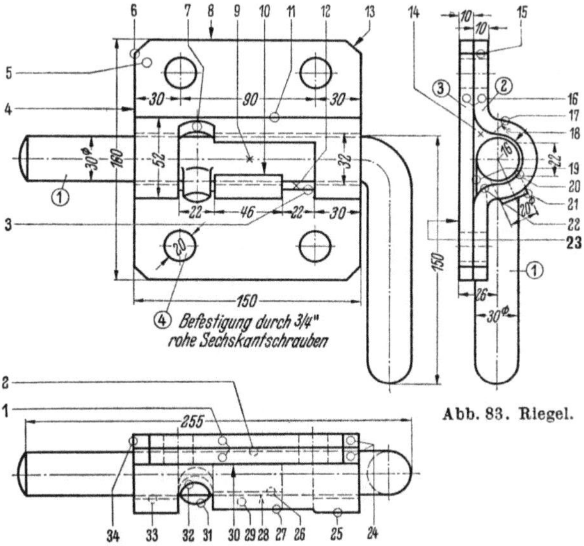

Lösungen.
a) Linie 2 ist Mantellinie des Riegels, sie deckt sich in der Vorderansicht mit der Mittellinie; Linie 3 gehört zur Schelle, sie liegt bei 22; Linie 11 ist Mantellinie

der Schelle, sie liegt in der Draufsicht auf der Mittellinie; Linie 15 liegt bei 6/34; Linie 19 gehört zum Riegel; Linie 26 gehört zur Schelle, sie liegt bei 20; Linie 31 gehört zur Stirnfläche des Zapfens (20 ⌀), sie liegt bei 21; Linie 32 gehört zum Ausschnitt 7 der Schelle, sie liegt bei 17; Linie 33 gehört zum Innenmantel der Schelle, sie deckt sich in der Vorderansicht mit der Mittellinie.

b) Fläche 4 liegt bei 16; 8 bei 1; 10 bei 29; 13 bei 24; 18 bei 7; 23 entspricht dem Umriß der Vorderansicht ohne den Riegel, aber mit den vier Löchern; 30 ist die Fläche oberhalb 11.

c) 2 Teile je 10 mm dick, zusammen 20 mm.

d) bei 15/34.

e) Im Punkt 9 erfolgt der Anschlag bei 28; im Punkt 12 auf Grundblech (3); in Punkt 14 geht das Lot ohne Anschlag durch.

f) Das Zurücktreten der Kante 27 gegen 25 hat seinen Grund in der Einarbeitung der 22 mm breiten Längsnute bei 10. Siehe Seitenansicht.

g) Als selbständige Übungsaufgabe gedacht, daher hier nicht ausgeführt.

3. Hammerbär (Abb. 84···86).

Aufgaben und Fragen.

a) Die pfeilberührten Flächen bei 1, 3, 7, 15, 23, 25 sind in den anderen Ansichten aufzusuchen und zu umfahren. Zu zeichnen ist die Ansicht in Richtung 1.

b) Wo liegen die Kanten bei 4, 6, 8, 17, 21 in den anderen Ansichten? Welche von den Kanten laufen parallel zur Zeichenfläche? Wie ist die Neigung der übrigen Kanten?

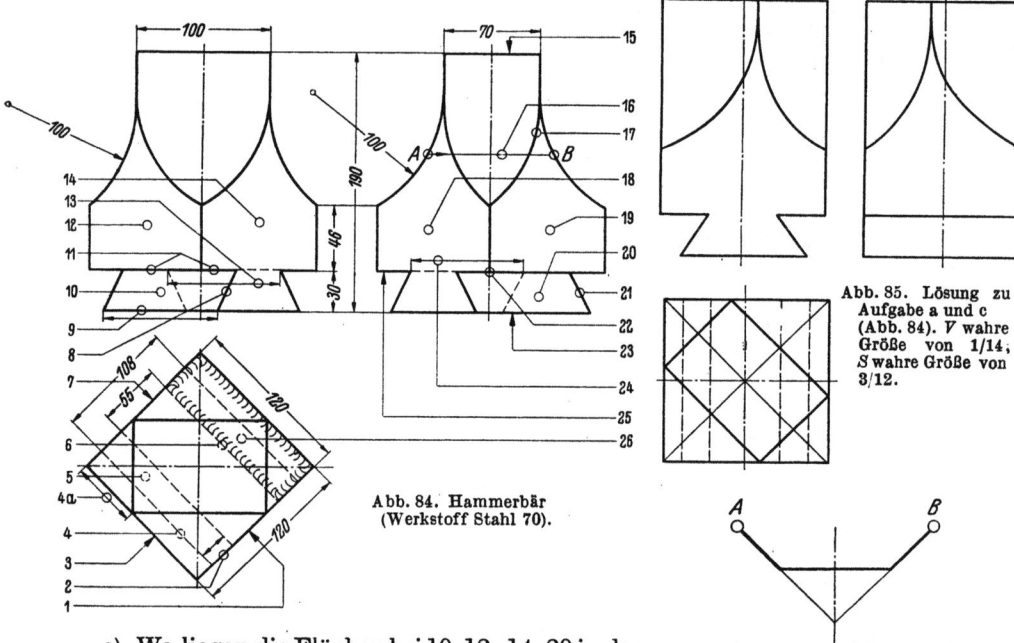

Abb. 84. Hammerbär (Werkstoff Stahl 70).

Abb. 85. Lösung zu Aufgabe a und c (Abb. 84). V wahre Größe von 1/14, S wahre Größe von 3/12.

Abb. 86. Lösung zu Aufgabe e (Abb. 84).

c) Wo liegen die Flächen bei 10, 12, 14, 20 in den anderen Ansichten? Welche von den Flächen sind in wahrer Größe dargestellt und wo? Die wahren Größen der Flächen sind zu zeichnen.

d) Kante 11 ist eine gebrochene Linie. Wo ist sie als solche zu erkennen?

e) Welche Gestalt hat der auf dem Umfang des Körpers begangene Weg 16 von A nach B? Kommen in ihm auch Kurven vor?

f) Ist die Kurve bei 17 nach Belieben gezeichnet oder liegt sie konstruktiv fest? Wenn ja, wie ist sie entstanden?

g) Wieviele Kanten stoßen im Punkt 22 zusammen? Ihre gegenseitige Lage ist mit Streichhölzern zu zeigen.

Lösungen.

a) Fläche 1 liegt bei 14, 3 bei 12, 7 wird von 12 verdeckt, 15 ist das Rechteck 70×100 in der Draufsicht, 23 ist das Rechteck zwischen den äußeren gestrichelten Linien in der Draufsicht (108 mm Abstand), 25 ist das umrandete Rechteck bei 26. Ansicht in Richtung 1 siehe in Abb. 85.

b) Kante 4 bei 9; sie läuft parallel zur Draufsichtebene, geneigt zur Vorderansichtebene, linker Endpunkt näher zur Vorderansichtebene. 6 bei 13; 8 bei 2 (unsichtbar) und 21, geneigt, linker Endpunkt näher zur Draufsichtebene; 17 bei 4a, Kurve, linker Endpunkt näher zur Draufsichtebene.

c) Fläche 10 liegt bei 5, verkürzt dargestellt, wahre Größe ein Rechteck, Länge bei 4, Breite aus Abb. 85 zu entnehmen.

12 bei 3 und 19, verkürzt, wahre Größe siehe in Abb. 85.

14 bei 1 und unter 19, verkürzt, wahre Größe in Abb. 85.

20 bei 5, verkürzt, wahre Größe gleich der von 10.

d) In der Draufsicht zwischen Pfeilspitze bei 3 und Punkt bei 2.

e) Siehe Abb. 86.

f) Die Kurve entsteht aus den Seitenflächen des Prismas 120×120 und den Abrundungen mit dem Halbmesser 100. Zu ihrer Konstruktion führt man in dem Kurvengebiet horizontale Schnitte und überträgt die Endpunkte der Schnittlinien aus der Draufsicht auf die entsprechenden Stellen der Vorder- und Seitenansicht.

g) Drei Kanten; sie gleichen den Kanten an einer Würfelecke.

4. Schneckenradbock (Abb. 87···92.)

Aufgaben und Fragen.

a) Ein Punkt bewegt sich bei 2 auf dem Körper von M nach N und bei 12 von O nach P. Die Wege sind in der Seitenansicht zu durchlaufen.

b) Die pfeilberührten Flächen bei 3, 16, 22, 23 sind in den anderen Ansichten aufzusuchen und zu umfahren.

c) An den Punkten 4 und 19 denke man sich den Körper in Richtung senkrecht zur Zeichenfläche durchbohrt. Wie dick sind die zu durchbohrenden Wände?

d) In den Punkten 5, 7, 26, 27, 31, 33, 38, 42 wird ein Lot senkrecht zur Zeichenfläche auf den Körper gefällt. Wo liegen in den anderen Ansichten die Anschlagpunkte?

e) Zu zeichnen sind: der Schnitt $A-B$ bei 8,
die Ansicht in Pfeilrichtung bei 9,
die 3 Ansichten des als Vollkörper gedachten Hohlraumes bei 31.

f) Die Bedeutung der Linien bei 10, 14, 15, 17, 36, 37, 41 ist an Hand der anderen Ansichten zu erklären.

g) Was bedeutet $28 \varnothing^{H7}$ bei 11?

h) Wie groß sind die Maße bei 13, 32, 34, 39?

i) Bei 21 stoßen drei Kanten zusammen. Sie sind in den anderen Ansichten aufzusuchen und mit Streichhölzern bzw. Draht räumlich darzustellen.

j) Warum schreibt man das Maß bei 28 nicht ein?

Leseübungen an Werkstattzeichnungen.

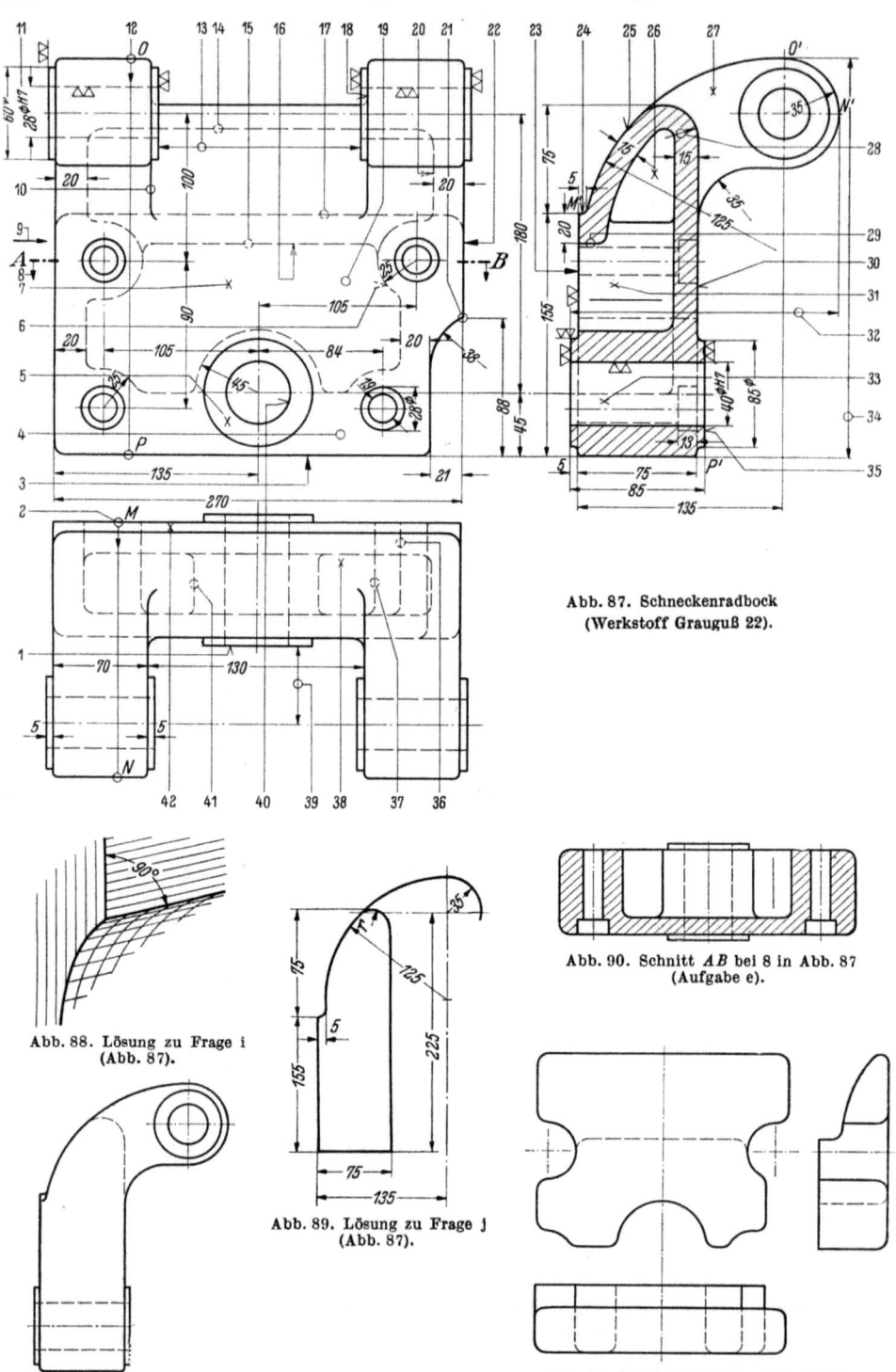

Abb. 87. Schneckenradbock (Werkstoff Grauguß 22).

Abb. 88. Lösung zu Frage i (Abb. 87).

Abb. 89. Lösung zu Frage j (Abb. 87).

Abb. 90. Schnitt AB bei 8 in Abb. 87 (Aufgabe e).

Abb. 91. Ansicht in Pfeilrichtung bei 9 in Abb. 87 (Aufgabe e).

Abb. 92. Die drei Ansichten des als Vollkörper gedachten Hohlraumes bei 31 in Abb. 87 (Aufgabe e).

Lösungen.

a) Siehe Seitenansicht: Linien von M' nach N' und von O' nach P'.

b) Fläche 3 ist ein Rechteck mit den Maßen 75×249 mm; Fläche 16 ist ein Rechteck, dessen Länge in der Vorderansicht, dessen Breite in der Seitenansicht bei 29 ersichtlich ist; Fläche 22 liegt über der unterhalb der Maßlinie 32 gelegenen gestrichelten Linie, sie wird von dem äußeren Umriß dieses Teils der Seitenansicht begrenzt. Fläche 23 liegt unterhalb der Linie bei 17.

c) 75 mm bei 4; 15 mm bei 19.

d) 5 bei 1/35; 7 bei 30; 26 bei 20; 27 bei 18; 31 bei 6; 33 bei 40; 38 bei 25; 42 bei 24.

e) Siehe die Abb. 90, 91, u. 92. Sie sind im kleineren Maßstab gezeichnet als Abb. 87.

f) 10 ist der Auslauf der Rundkante mit 35 mm Halbmesser (Seitenansicht); 14, vgl. Seitenansicht höchster Punkt des Hohlraumes bei 26; 15, vgl. 29; 17, vgl. in der Seitenansicht Punkt M'; 36, innere Begrenzung der Wand, 20 mm dick; 37, Begrenzung der Wand um das obere Befestigungsloch; 41, vgl. in der Vorderansicht den gestrichelten Halbkreis mit 45 mm Halbmesser.

g) 28 $\varnothing$ ^{H7} bedeutet: Loch 28 mm Durchmesser nach der Einheitsbohrung; H heißt: die Toleranz liegt an der Nullinie nach oben; 7 heißt: siebente Qualität (Größe der zulässigen Toleranz). Siehe Seite 44.

h) Maß bei 13 ist 120 mm; bei 32 175 mm; bei 34 260 mm; bei 39 55 mm.

i) Siehe Abb. 88.

j) Mit den Maßen in Abb. 89 liegt der Halbmesser r bei 28 fest. Es würde also eine Überbestimmung vorliegen, wenn man ihn einschriebe.

5. Trickschieber (Abb. 93···96).

Aufgaben und Fragen.

a) Die pfeilberührten Flächen bei 1, 8, 10, 34, 39, 43 sind in den anderen Ansichten aufzusuchen und zu umfahren.

b) Wieviele Wandungen liegen bei 2 übereinander? Wie dick sind sie?

c) In den Punkten 3, 5, 7, 13, 14, 15, 35, 36, 40, 41 wird ein Lot senkrecht zur Zeichenfläche auf den Körper gefällt. Die Anschlagstellen sind in den anderen Ansichten zu ermitteln.

d) Welche Bedeutung hat die Kante 4?

e) Ein Punkt bewegt sich auf dem Körper bei 6 von M nach N; desgleichen bei 44 von O in Pfeilrichtg. nach oben (linke Körperhälfte). Die wahren Größen der Bahnen sind zu zeichnen.

f) Welche Bedeutung hat der kleine Halbkreis bei 16?

g) Stehen die Hohlräume bei 20, 23, 28 miteinander in Verbindung? Diese Hohlräume und die Bohrung (40 mm $\varnothing$, 240 mm lang) sind als Vollkörper (vgl. Kerne in der Gießform) zusammengestellt zu zeichnen.

h) Wie groß sind die Maße bei 25 und 38?

i) Sind die Flächen bei 27 und 28 Ebenen?

j) Die Punkte bei 30, 31, 32, 33, 35, 36, 38 sind entsprechend ihren Abständen von der Zeichenebene zu ordnen.

k) Was bedeutet der kleine Kreis bei 37? Welchen Durchmesser hat er?

l) Was bedeutet die schlangenförmige Darstellung bei 42?

Lösungen.

a) Fläche 1 bei 30/31; Fläche 8 bei 33; Fläche 10 wie 1; 34 zur Hälfte bei 2; 39 zur Hälfte bei 41; 43 bei 27.

b) Zwei Wandungen, je 11 mm dick.

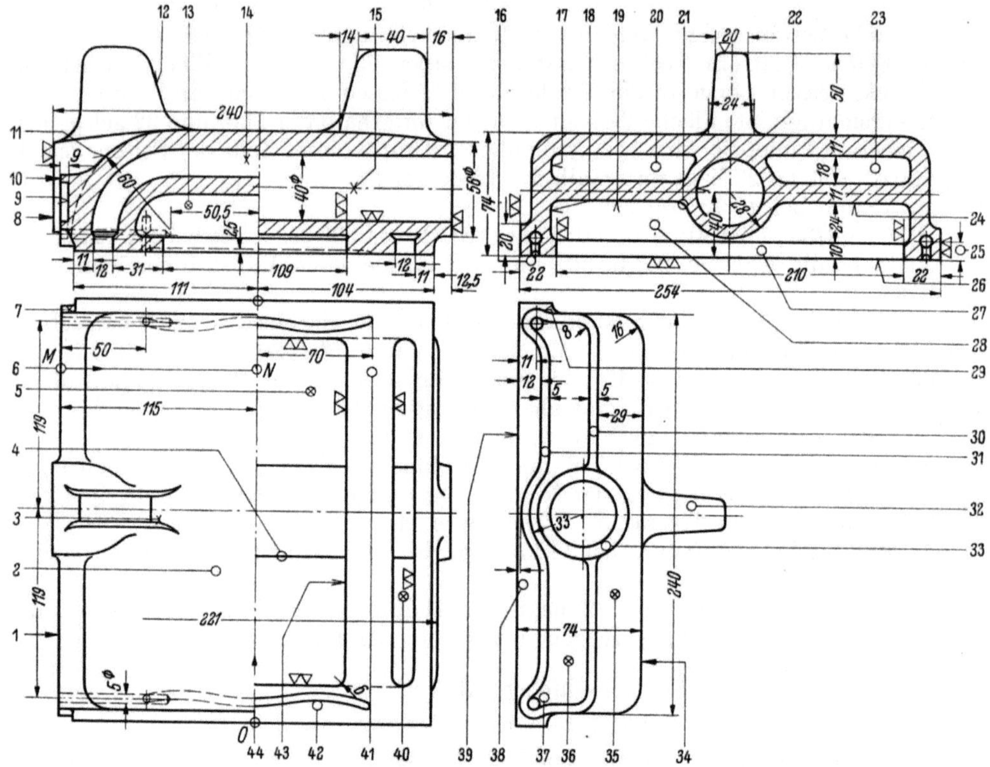

Abb. 93. Trickschieber (Werkstoff Grauguß).

Abb. 94. Lösung zu Frage e: Linie MN.

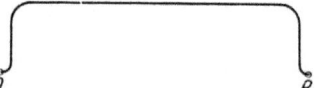

Abb. 95. Lösung zu Frage e: Linie OP.
(Buchstabe P fehlt in der Abb. 93.)

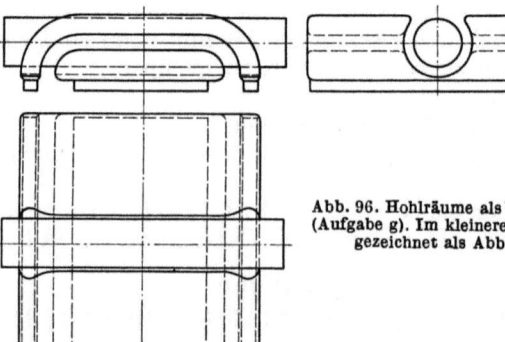

Abb. 96. Hohlräume als Vollkörper
(Aufgabe g). Im kleineren Maßstab
gezeichnet als Abb. 93.

c) Anschlag 3 bei 12; 5 bei 24; 7 bei 29; 13 bei 18; 14 bei 17; 15 bei 22; 35 bei 11; 36 bei 9; 40 vgl. 5; 41 bei 26.
d) Kante 4 liegt bei 21.
e) Siehe die Abb. 94 u. 95.
f) Schmiernute bei 42.
g) 20 und 23 stehen als Überströmkanal miteinander in Verbindung (vgl. 14 und 40). 28 ist ein in sich abgeschlossener Hohlraum (vgl. 5 und 13). Darstellung der Hohlräume als Vollkörper siehe Abb. 96.
h) Das Maß bei 25 ist 11 mm, es ist in der Nähe von 29 eingetragen. Das Maß bei 38 ist $40 - (33+5) = 2$ mm.
i) Die Fläche bei 27 ist eine Ebene; Fläche bei 28 ist gekrümmt.
j) Es folgen aufeinander: 35, 32, 38, 36, 30/31 (gleich hoch) 33.
k) Ölloch, 5 mm $\varnothing$.
l) Schmiernute (vgl. f).

6. Lager für einen Hebebaum (Abb. 97···101).

Aufgaben und Fragen.

a) Die pfeilberührten Flächen bei 1, 6, 12, 19, 30, 39 sind in den anderen Ansichten aufzusuchen und zu umfahren.

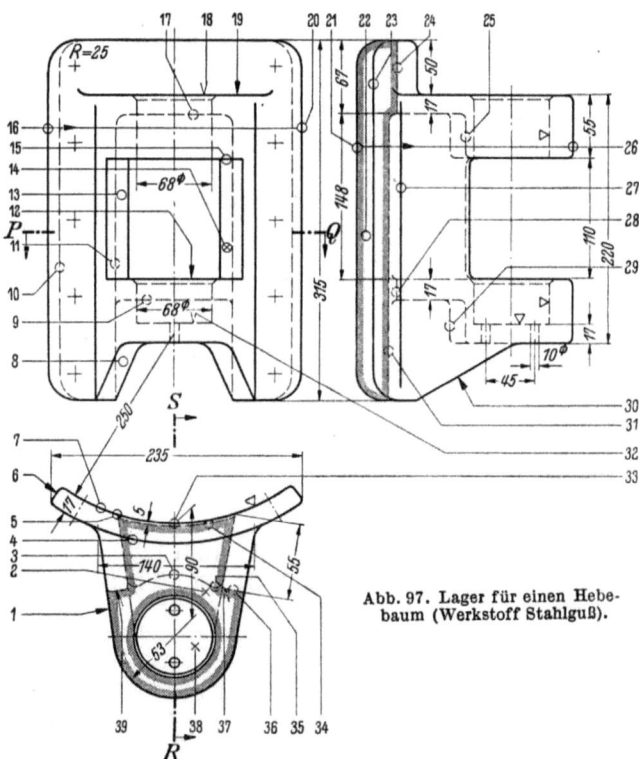

Abb. 97. Lager für einen Hebebaum (Werkstoff Stahlguß).

b) In den Punkten bei 2, 14, 38 wird ein Lot senkrecht zur Zeichenfläche auf den Körper gefällt. Die Anschlagstellen sind in den anderen Ansichten zu ermitteln.
c) Wo liegen die Flächen 8, 22 in den anderen Ansichten?

28 Leseübungen an Werkstattzeichnungen.

d) Welche Bedeutung haben die Linien bei 9, 10, 11, 16, 17, 24, 25, 28, 29, 31, 34, 36? Wo liegen sie in den anderen Ansichten?

e) Auf dem Körperumfang bewegt sich ein Punkt von 16 in der Pfeilrichtung nach 20. Wie sieht die Bahn des Punktes aus? Desgleichen von 21 nach 26.

f) Die Linien bei 17, 24, 25, 28, 29 gehören je zu einer gekrümmten Fläche. Wo ist die Krümmung zu erkennen?

g) Die Linien bei 21, 23, 24, 25, 26, 29 sind entsprechend ihrem Abstand von der Zeichenfläche zu ordnen.

h) Die Rückansicht des Körpers und die Schnitte $P-Q$ und $R-S$ sind zu zeichnen.

Lösungen.

a) Bei 1 ist eine gekrümmte Fläche. Sie entspricht dem Umriß der Seitenansicht ohne die Fläche bei 22; Fläche 6 liegt zwischen 10 und 16 und bei 22; Fläche 12 ist in der Draufsicht umrandet; Fläche 19 liegt unterhalb Kreisbogen 4, abzüglich der Kreisfläche; Fläche 30 bei 8 und bei der rechts symmetrisch dazu liegenden Fläche; Fläche 39 bei 13.

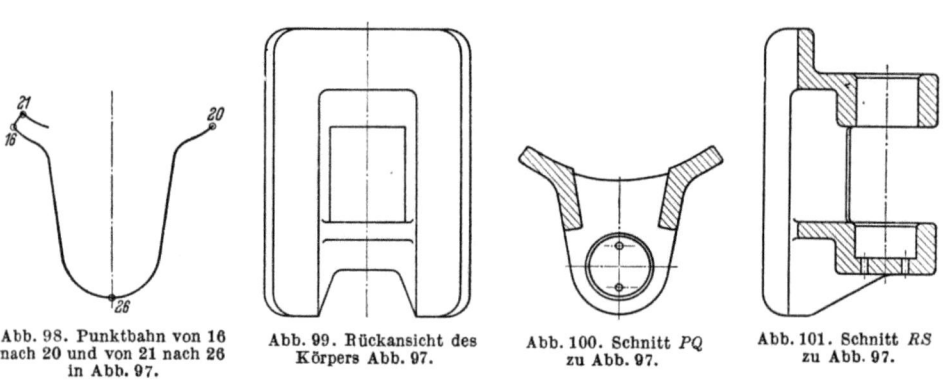

Abb. 98. Punktbahn von 16 nach 20 und von 21 nach 26 in Abb. 97.

Abb. 99. Rückansicht des Körpers Abb. 97.

Abb. 100. Schnitt PQ zu Abb. 97.

Abb. 101. Schnitt RS zu Abb. 97.

b) Punkt 2 bei 18; 14 bei 37; 38 bei 32.

c) Fläche 8 bei 30; 22 bei 6.

d) Linie 9 bei 28/34; 10 bei 21; 11 bei 5/31; 16 bei 23; 17 auf Bogen 7; 24 bei 33; 25 bei 35; 28 auf 34, unter 33; 29 bei 3; 31 bei 5/11; 34 bei 9 und 28; 36 bei 15; 36 bildet Fläche 14 ab.

e) Siehe Abb. 98.

f) Zylinderfläche bei 17 steht auf dem Bogen bei 7, in der Seitenansicht umrandet. Zylinderfläche bei 24 ist dieselbe wie bei 17; 25 gehört zu der bei 3/35 senkrecht zur Draufsichtebene stehenden Fläche. Zylinderfläche bei 28 bei 34; Zylinderfläche bei 29 wie 25.

g) 23, 21, 24/26/29, 25. 25 soll hier gleichbedeutend sein mit 35.

h) Siehe die Abb. 99, 100, 101. Diese Abb. sind in kleinerem Maßstabe gezeichnet als Abb. 97.

7. Genieteter Duralblechhebel (Abb. 102···112)[1].

Aufgaben und Fragen.

a) Zu den in der Zusammenstellung (Abb. 104) gegebenen Nummern der Einzelteile sind die entsprechenden Nummern der Teilzeichnungen anzugeben, z. B. (1) entspricht 29.

b) Wo finden die Linien 1, 8, 9, 11, 13, 15, 23, 32, 56 in den anderen Rissen ihre Erklärung? Sind die Kanten geradlinig oder gekrümmt?

c) Was bedeutet das Zeichen bei 7?

d) Linie bei 11 ist die Projektion eines Rechtecks. Welche Abmessungen hat es?

e) Wo liegt die gestrichelte Abbiegung 12 in der Seitenansicht, wo in der Einzeldarstellung?

f) In den Punkten bei 16, 21, 57, 59, 63, 64, 66 wird ein Lot senkrecht zur Zeichenfläche auf den Körper gefällt, die Anschlagstellen sind in den anderen Ansichten festzustellen.

g) Wie groß ist der Halbmesser bei 17?

h) Was bedeutet DuR 3,5×12 Fs bei 18?

i) Welchen Sinn hat die Linie bei 19?

j) Gehören die Teile 20, 21 und 25 zu ein und demselben Stück?

k) Sind alle Punkte der Doppellinie 23 von der Seitenansichtebene gleich weit entfernt?

l) Wie ergibt sich das Maß 83 mm bei 24?

m) Das Maß 28 mm bei 28 ist aus den gegebenen Maßen zu berechnen.

n) Wie groß ist der Lochabstand bei 30?

o) Welche Gestalt haben die Wege von M nach N bei 31; Q nach R bei 35; O nach P bei 54?

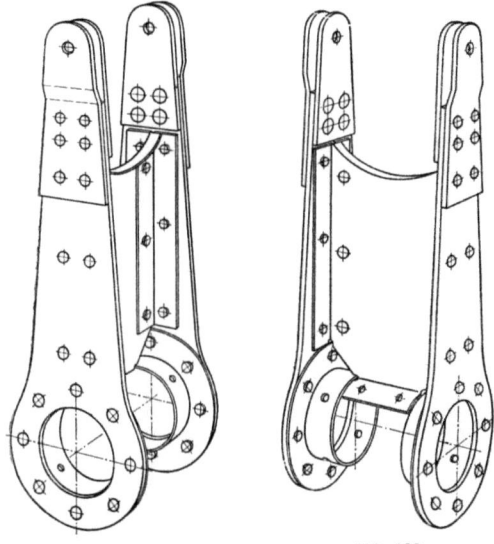

Abb. 102.   Abb. 103.
Abb. 102 u. 103. Duralblechhebel in Parallelperspektive.

p) Wo liegt die Anbiegung bei 33, wo die bei 34 in der Zusammenstellung?

q) Wie ergibt sich das Maß 66 mm bei 36?

r) Welchem anderen Maß hat Maß 5 mm bei 37 zu entsprechen?

s) Wo liegt der Schenkel 39 in der Zusammenstellung?

t) Welchen Sinn hat die Bohrung 4 mm ⌀ bei 41?

u) Wo liegt der gekrümmte Schenkel 43 in der Zusammenstellung?

v) Welcher der beiden Punkte 47 und 50 hat von der Zeichenebene den größeren Abstand? Wie groß ist der Abstandsunterschied beider Punkte?

w) Was bedeutet bei 48 „Löcher 2,5 mm vorbohren"?

x) Was ist der Sinn der Darstellung bei 51?

y) Das Maß bei 53 ist zu berechnen.

z) Bedeutung der Doppellinie bei 56?

aa) Wie groß ist das Maß bei 58?

bb) Zu welchem Körper gehört der schraffierte Steg bei 60?

cc) Der Schnitt C—D bei 61 ist zu zeichnen.

---
[1] Zeichnung stammt aus dem Ausbildungsbetriebe der Junkerswerke, Dessau.

Lösungen.

a) (1) entspricht 29; (2) entspricht 40; (3) entspricht 47; (4) entspricht 46; (5) entspricht 52; (6) entspricht 44.

b) 1 liegt in gleicher Ebene mit 21, liegt auch im Schnitt $A-B$ unter dem Steg 60; 8 gehört zu Teil 40, liegt im Schnitt $A-B$ bei 55; 9 gehört zu 44; 11 ist die

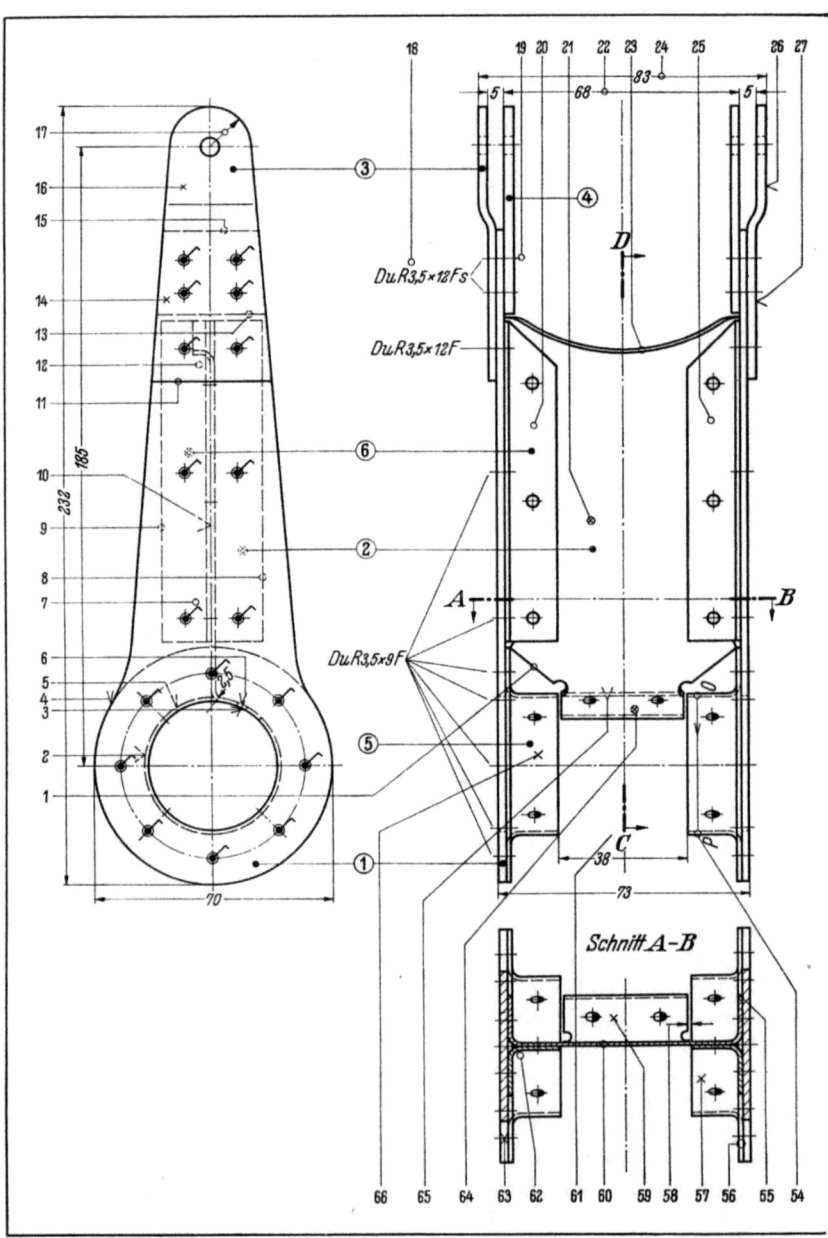

Abb. 104. Genieteter Duralblechhebel.

Genieteter Duralblechhebel.

untere Kante von 47 (35 mm lang); 13 untere Kante von 46; 15 entspricht 28; 23 entspricht 12/39; 32 vgl. 42; 56 entspricht dem Flansch am Teil 52. Kanten 1, 8, 9, 11, 13, 15, 32 sind gerade, 23 und 56 sind gekrümmt.

c) Sichtbares und unsichtbares Niet an derselben Stelle.
d) Rechteck 35 × 2,5 mm.
e) In der Seitenansicht bei 23, ferner bei 38.

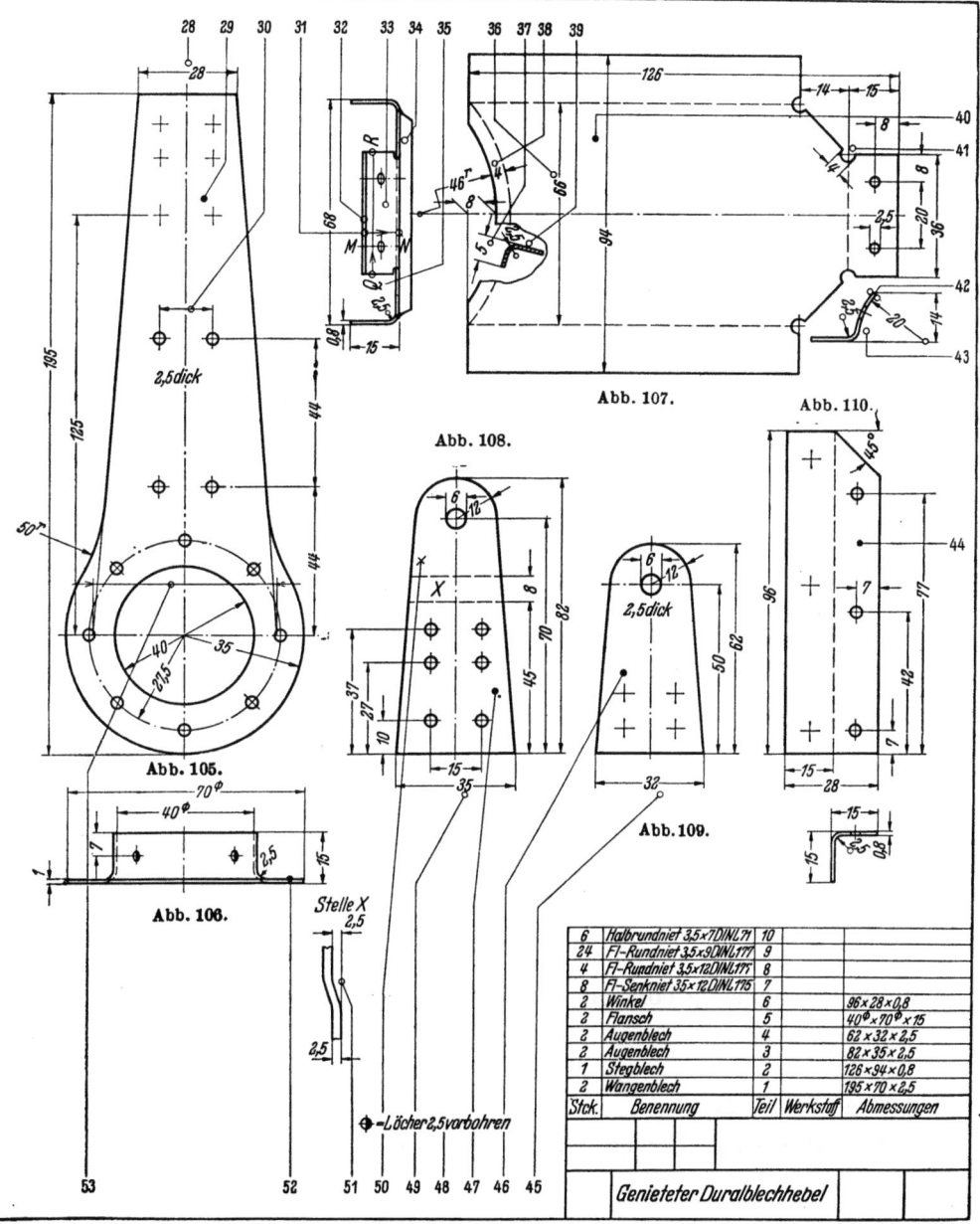

Abb. 105 bis 110. Einzelteile zum genieteten Duralblechhebel.

f) 16 bei 26; 21 bei 10; 57 bei 5; 59 bei 6 und 65; 63 bei 4; 64 bei 3; 66 bei 2.

g) r = 12 mm, siehe Teile 46/47.

h) DuR 3,5×12 Fs bedeutet Duralniet mit Rundsetzkopf 3,5 mm ⌀, 12 mm Länge, Flachsenkschließkopf.

i) 19 ist Mittellinie eines Niets.

j) Nein, 20 entspricht 44, liegt bei 62; 21 entspricht 40, liegt bei 60; 25 entspricht 44; 20 und 25 sind spiegelbildlich zueinander, also nicht absolut gleich.

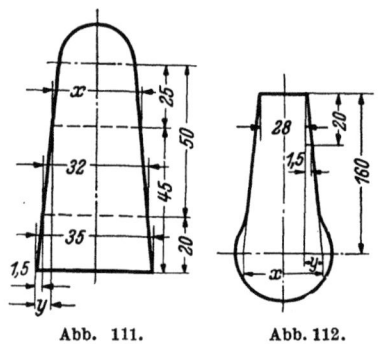

Abb. 111.   Abb. 112.

k) Ja.

l) $83 = 68 + 2 \cdot 5 + 2 \cdot 2{,}5$.

m) Siehe Abb. 111, darin ist:

$$\frac{y}{45} = \frac{1{,}5}{20} \qquad y = \frac{45 \cdot 1{,}5}{20} = 3{,}375 \text{ mm}$$

$$x = 35 - 2y = 35 - 6{,}75 = 28{,}25 \text{ mm}.$$

n) 15 mm.

o) $M-N$ Kreisbogen mit anschließendem geraden Stück (siehe 43); $Q-R$ geradlinig; $O-P$ Halbkreis.

p) 33 bei 64/59; 34 bei 12/23.

q) $73 - 2 \cdot 2{,}5 = 68$. Der Biegekantenabstand ist wegen der Werkstoffverschiebung 2 mm kleiner.

r) Dem Maß 4 mm bei 38.

s) Dieser Schenkel entspricht dem großen Blechteil 21 bzw. 40.

t) Diese Bohrung verhindert das Einreißen des Bleches beim Biegen.

u) Bei 6, 59 und 64.

v) Punkt 50 liegt um 2,5 mm höher als 47 (Stelle x in Abb. 108 u. unter Abb. 106).

w) Die Löcher werden im zusammengebauten Zustande des Hebels aufgerieben; dann erst wird genietet.

x) Das ist ein Teil der Seitenansicht des Augenbleches bei 47.

y) Nach Abb. 112 ist:

$$\frac{y}{160} = \frac{1{,}5}{20} \qquad y = \frac{160 \cdot 1{,}5}{20} = 12 \text{ mm}. \qquad x = 28 + 2 \cdot 12 = 52 \text{ mm}.$$

z) Die Doppellinie gehört zum Flansch von 52.

aa) $x = \dfrac{38 - 36}{2} = 1$ mm.

bb) 60 gehört zu 21/40.

cc) Als selbständige Übungsaufgabe gedacht.

8. Kreuzkopf. (Abb. 113···121).

Aufgaben und Fragen.

a) An den Stellen 1, 2, 4, 5, 7, 15, 21, 22, 25, 27, 44, 45, 68, 69, 71 wird ein Lot senkrecht zur Zeichenfläche auf den Körper gefällt. Die Anschlagstellen sind in anderen Ansichten zu ermitteln.

b) Vom Punkt 3 bewegt sich ein Punkt auf dem Körper nach links in der Richtung der Bezugslinie. Führt der Weg aufwärts oder abwärts?

c) Warum ist der Kreis bei 6 zur Hälfte gestrichelt?

d) Welche Bedeutung hat das Rechteck bei 7?

e) Die pfeilberührten Flächen bei 8, 23, 61, 62, 63, 66, 72 sind in den anderen Ansichten aufzusuchen und zu umfahren.

f) Welche Passungszeichen sind den Maßen 330 bei 9 und 126 bei 24 (Passung zwischen Gleitschuh und Kreuzkopfbalken) zu geben? Siehe Seite 44.

g) Welche Bedeutung haben die gestrichelten Linien bei 10 und 17?

h) Wie groß wäre die Achsenlänge eines Loches, das man bei 15 bohren würde?

i) Wie hoch liegt die zur Zeichenfläche senkrechte Kante bei 19 über der Grundfläche des Gleitschuhs (10 bzw. 31)? Um wieviele Millimeter liegt die Kante bei 19 höher als die bei 20 pfeilberührte Fläche?

j) Was heißt Kegel 1:2,5 bei 26?

k) Die in Pfeilrichtung bei 29 gesehene Ansicht gegen den Kreuzkopf ist zu zeichnen.

l) Das Gleitstück ist in 3 Ansichten darzustellen. Desgleichen der Gleitschuh und der Kreuzkopfbalken. Sind die Gleitstücke alle vier völlig gleich?

m) Was bedeutet bei 32: „um 90° versetzt"?

n) Warum ist das Maß bei 33 unterstrichen?

o) Welche Bedeutung hat die Doppellinie bei 34?

p) Was bedeuten die Zeichen $\overline{VVV}$ bei 35 und $\overline{VV}$ bei 47?

q) Was stellt die kurze gekrümmte Linie bei 36 vor? Desgleichen Linie bei 37?

r) Warum legt man die genaue Stärke bei 42 nicht schon in der Konstruktion fest?

s) Was bedeutet „40 ⌀ anflächen" bei 43? Welchen Sinn hat der Federring bei 55 (Teil 5 der Teileliste)?

t) Wie groß sind die Abmessungen bei 46 und 48?

u) Was bedeutet bei 53 die Bezeichnung $M\ 10\times 25$; bei 54 $R\ 1/8''\times 12$; bei 56 $GBz\ 20$; bei 57 $WM\ 10$; bei 58 $St\ 38$; bei 59 $Ms\ 60$; bei 60 $GS\ 45$; bei 55 Federring $7/8''$?

v) Welchen Sinn haben die Schwalbenschwanzformen bei 51 und 52?

w) Zu zeichnen ist die Ansicht in Pfeilrichtung bei 50 auf den Gleitschuh ohne das Weißmetallfutter.

x) Bedeutung der Linie bei 64?

y) Warum ist das Maß bei 67 in der Zeichnung nicht angegeben?

Lösungen.

a) 1 bei 12; 2 bei 20; 4 bei 13; 5 bei 14; 7 bei 28; 15 bei 70; 21 bei 41; 22 bei 38; 25 bei 40; 27 bei 65; 44 bei 11; 45 bei 11; 68 bei 16; 69 bei 18; 71 bei der Abrundung 8 mm (Seitenansicht unten).

b) Abwärts (siehe Stelle 13).

c) Das Loch wird zur Hälfte von der Führungsplatte 27 verdeckt.

d) Es gehört zu der Öltasche 17 bzw. 34.

e) Bei 8 sind 2 Rechtecke 315×75; bei 23 ein Rechteck 126×124 mm; bei 61 siehe Abb. 115; bei 62 siehe Abb. 116; bei 63 Kreisfläche 40 ⌀; Fläche 66 steht bei 27; 72 bei 15.

34 Leseübungen an Werkstattzeichnungen.

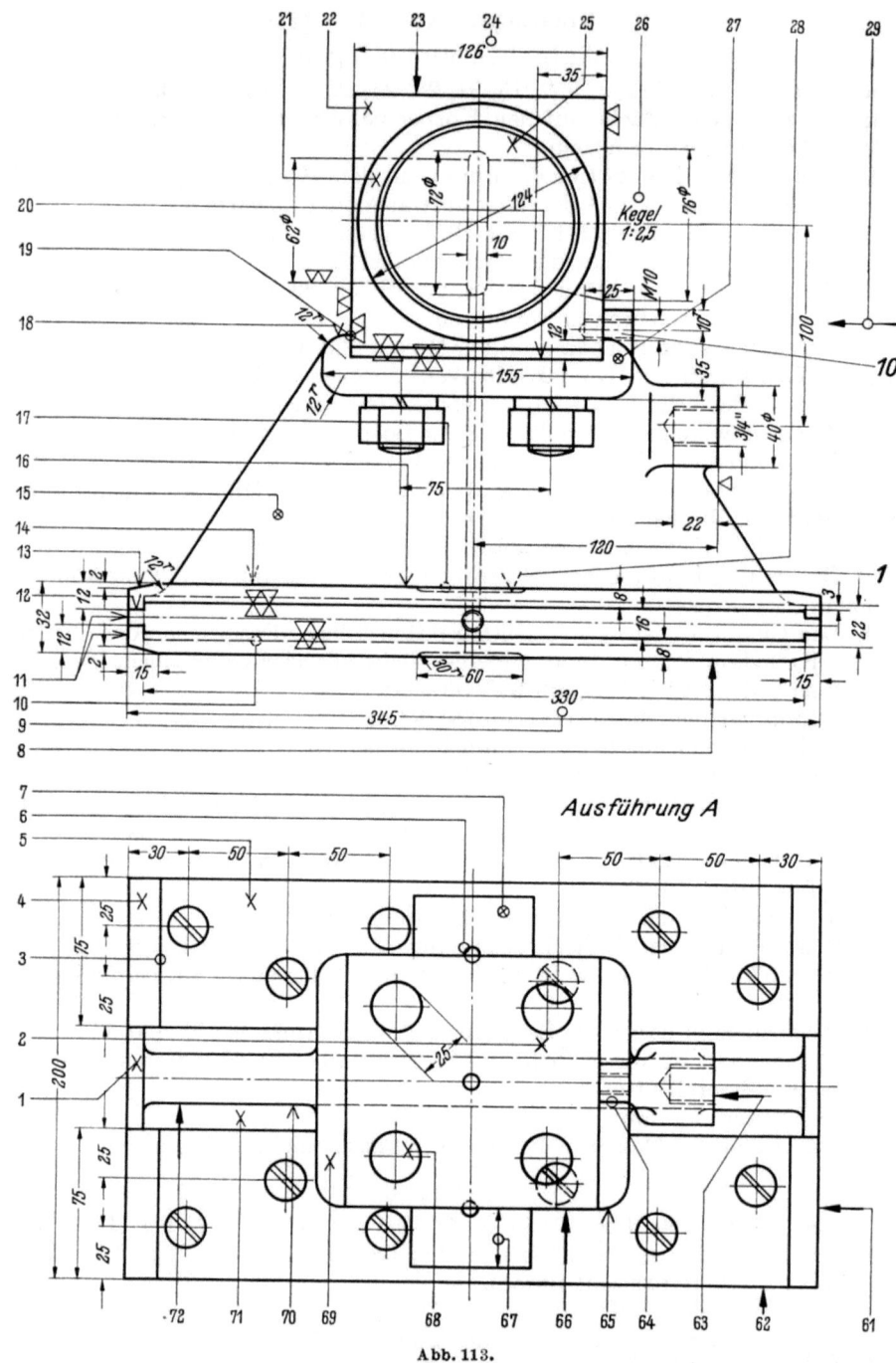

Abb. 113 u. 114. Kreuzkopf.

Kreuzkopf.

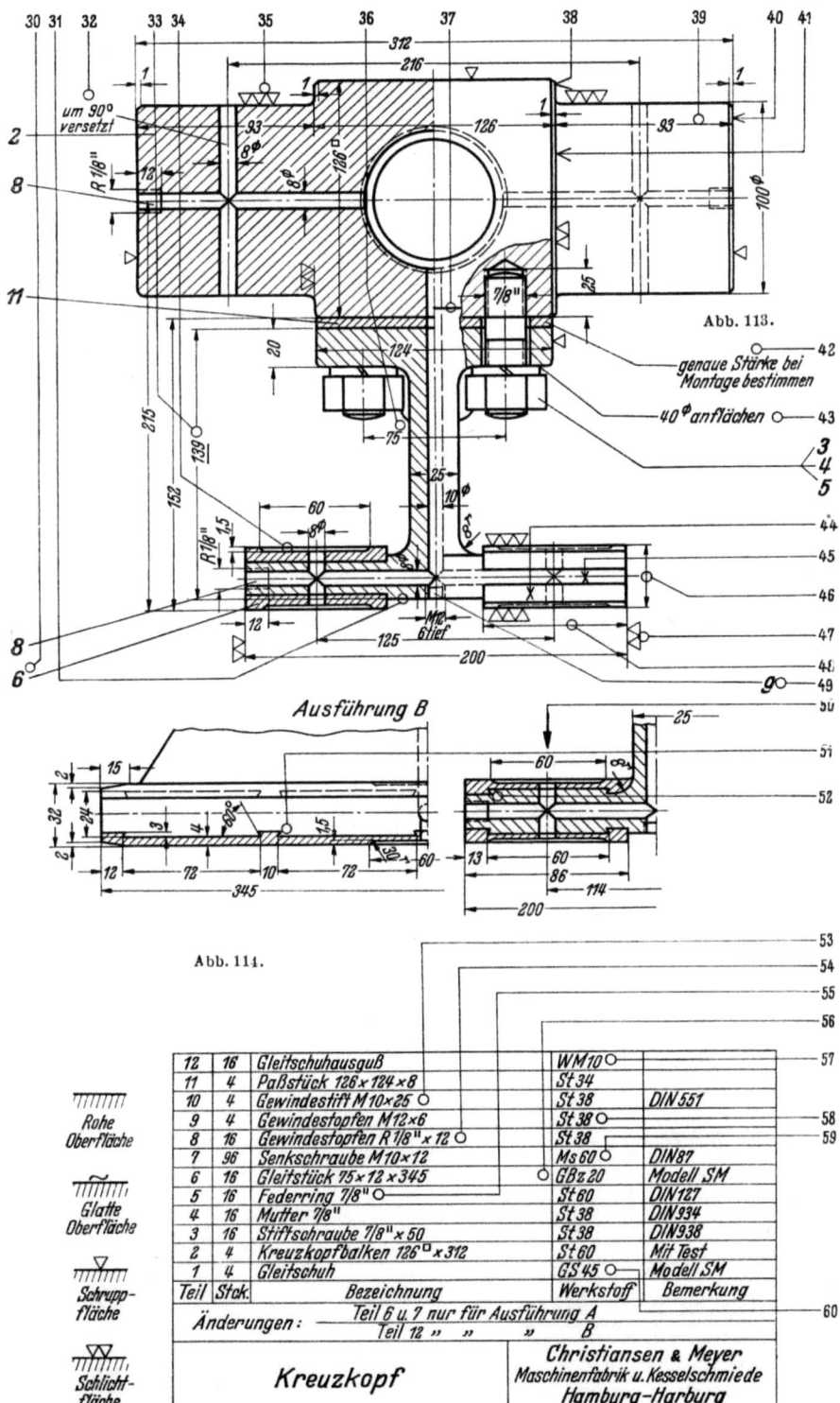

Abb. 113.
Abb. 114.

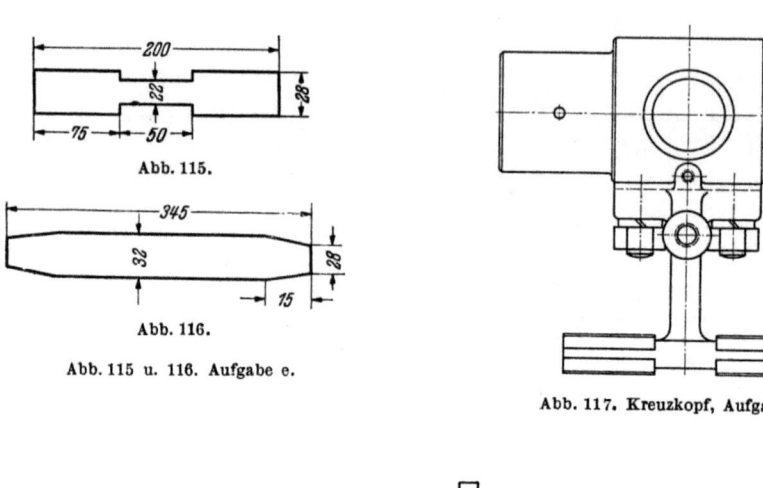

Abb. 115.

Abb. 116.

Abb. 115 u. 116. Aufgabe e.

Abb. 117. Kreuzkopf, Aufgabe k.

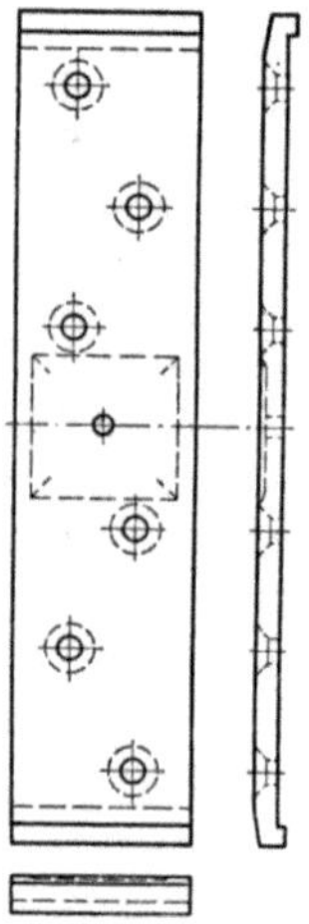

Abb. 118. Kreuzkopf, Aufgabe l.

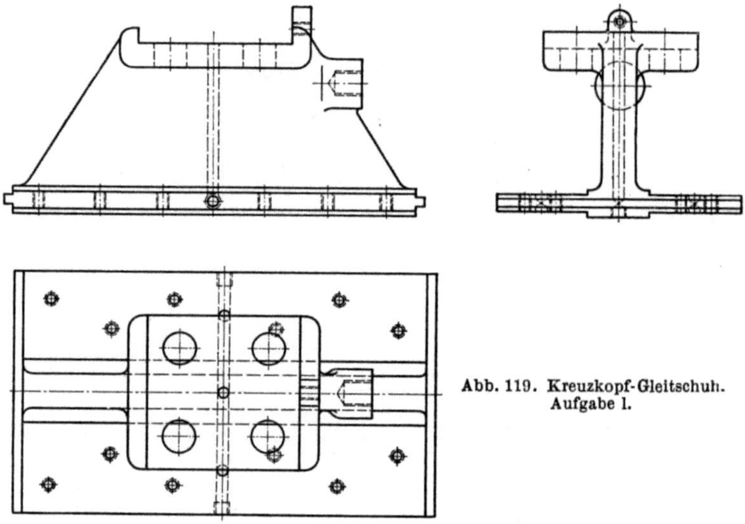

Abb. 119. Kreuzkopf-Gleitschuh. Aufgabe l.

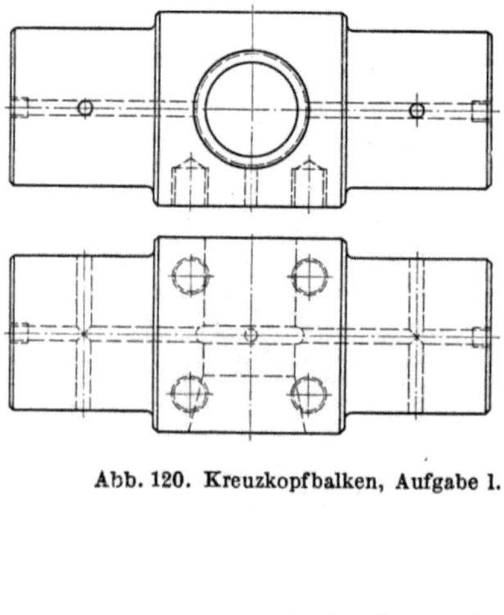

Abb. 120. Kreuzkopfbalken, Aufgabe l.

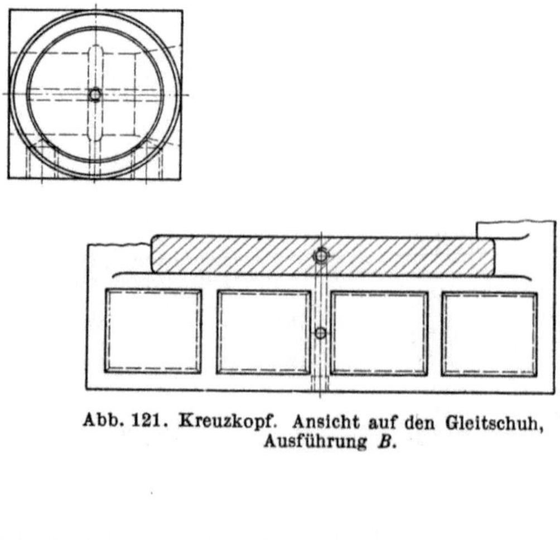

Abb. 121. Kreuzkopf. Ansicht auf den Gleitschuh, Ausführung *B*.

f) $\dfrac{\text{H 7}}{\text{k 6}}$ bei 9; $\dfrac{\text{H 7}}{\text{k 6}}$ bei 24.

g) 10 kennzeichnet die untere Fläche des Gleitschuhs (vgl. 31); 17 kennzeichnet die Öltasche im Gleitstück (vgl. 34).

h) 25 mm (siehe Seitenansicht).

i) 139 + 12 = 151 mm; Kante bei 19 um 12 mm höher.

j) Auf die Länge 2,5 cm verjüngt sich der Kegel im Durchmesser um 1 cm.

k) Siehe Abb. 117. Zeichn. enthält im unteren Teil einen Fehler.

l) Siehe Abb. 118, 119 und 120. Die Gleitstücke sind, obwohl sie es sein könnten, nicht alle vier gleich. Je zwei sind spiegelbildlich zu einander. Vgl. Schraubenlöcher Abb. 113, Draufsicht.

m) Die Löcher bei 32 sollen der besseren Ölverteilung wegen nicht senkrecht zur Gleitbahn, sondern parallel zu ihr laufen. Darstellung so gezeichnet, damit man sieht, daß das Loch durchgeht.

n) Wenn die Maßzahl mit der gezeichneten Abmessung nicht übereinstimmt, so unterstreicht man sie.

o) Darstellung der Öltasche (vgl. 17).

p) Bei 35 $\overline{\vee\vee\vee}$ Feinschlichtbearbeitung, Riefen mit bloßem Auge nicht sichtbar; bei 47 $\overline{\vee\vee}$ Schlichtbearbeitung, Riefen noch sichtbar.

q) Linie bei 36 gehört zum Zylindermantel (vgl. 63). 37 gehört zu der Kante 19 (höchstgelegene Kante des Gleitschuhs).

r) Das Maß 215 muß genau eingehalten werden. Ungenauigkeiten in den entsprechenden Maßen des Gleitschuhs und des Kreuzkopfbalkens gleicht man mit dem Paßstück aus.

s) Auf der an sich unbearbeiteten Fläche schafft man durch ,,Anflächen" mit dem Zapfensenker eine zur Lochachse senkrechte glatte Fläche, an der der Federring glatt anliegt. Der Federring sichert die Mutter gegen ungewolltes Lösen.

t) Bei 46 ist das Maß 32 mm; bei 48 ist es 75 mm.

u) M 10×25 heißt: metrisches Gewinde 10 ⌀, 25 lg.; R 1/8″×12 heißt: Whitworth-Rohrgewinde, 1/8″ Innendurchmesser, 12 mm lang; GBz 20 heißt: Gußbronze mit 20% Zinn; WM 10 heißt: Weißmetall mit 10% Zinn; St 38 heißt: Flußstahl geschmiedet oder gewalzt, mit 38 kg je mm² Festigkeit; Ms 60 heißt: Messing mit 60% Kupfer; GS 45 heißt: Stahlguß mit 45 kg je mm² Festigkeit; Federring 7/8″: Der Federring ist eine Muttersicherung mit einer Bohrung für eine 7/8″-Schraube.

v) Sie legen das Weißmetallfutter nach allen Richtungen hin unverrückbar fest.

w) Siehe Abb. 121.

x) Gehört zum halbrunden Ansatz oberhalb des Zeichens ⊗ bei 27.

y) Das Maß hätte keinen Sinn. Es gibt scheinbar die Breite der Öltasche an, diese ist aber in Wirklichkeit breiter (60 mm).

9. Umschaltkonsol (Abb. 122) [2]).

Aufgaben und Fragen.

a) 1 ist Mantellinie eines Zylinders. Wo ist die entsprechende Linie in der Seitenansicht?

b) Die Bedeutung der Linien bei 2, 4, 7, 8, 13, 16, 19, 26, 30, 31, 32, 35, 36, 38, 39, 41, 42, 44, 45, 47, 49, 51, 55, 58, 59, 60, 61, 72, 77, 78, 80, 82, 83, 84, 85, 88, 89, 91, 97, 98, 99, 108, 109, 118, 128, 129, 133, 134, 135, 136, 137, 138, 140, 141, 146, 147, 161 ist an entsprechenden Stellen der anderen Ansichten zu erklären.

---

[2]) Zeichnung stammt von der Firma Index-Werke, K.-G. Hahn & Tessky, Eßlingen a. N.

Leseübungen an Werkstattzeichnungen.

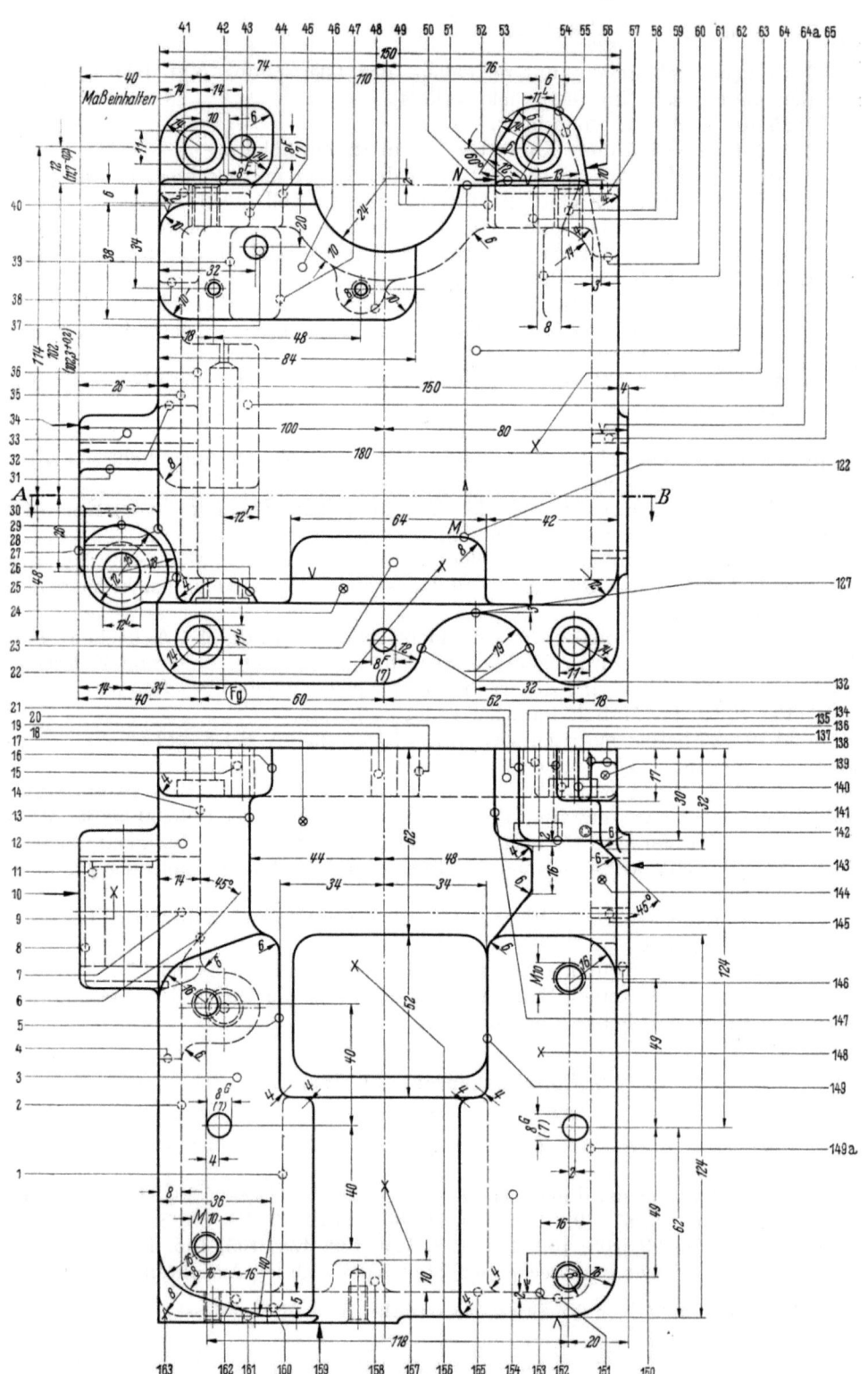

Umschaltkonsol.

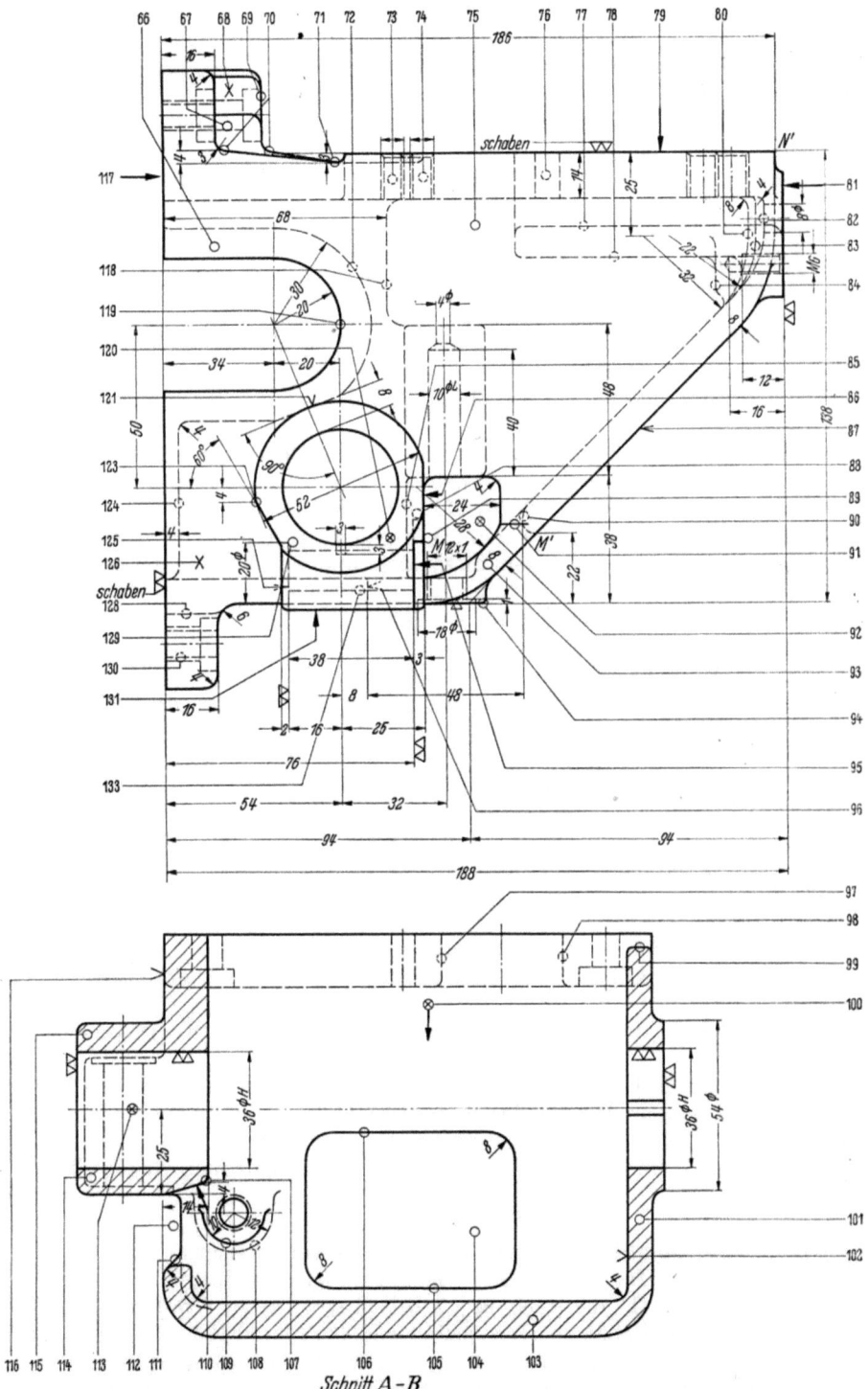

Bearbeitungsmaße ohne Abmaßangaben sind mit einem Abmaß von ±0,2 mm auszuführen.
Abb. 122. Umschaltkonsol (Werkstoff Grauguß). (Index-Werke KG. Hahn & Tessky, Eßlingen).

c) Man denke sich bei 3, 17, 46, 62, 66, 75, 100, 154 je ein Loch gebohrt. Wie dick ist die je zu durchbohrende Wandung?

d) Bei den Punkten 9, 17, 22, 24, 63, 68, 92, 100, 113, 120, 126, 139, 144, 148, 156, 157, 163 wird ein Lot senkrecht zur Zeichenfläche auf den Körper gefällt. Die jeweiligen Fußpunkte sind in den anderen Ansichten zu ermitteln.

e) Die pfeilberührten Flächen bei 10, 34, 50, 56, 79 (2 Flächen), 81, 86, 95, 110, 125, 131, 143, 159 sind in den anderen Ansichten aufzusuchen und zu umfahren.

f) Durch welche Linien in anderen Ansichten sind die Flächen 12, 20, 144 gekennzeichnet?

g) Je 2 gestrichelte Linien bei 15 und 18 stellen eine Bohrung dar. Wo liegen die Löcher in den anderen Ansichten?

h) Liegen die Flächen bei 20, 62, 100, 113, 154 parallel zur Zeichenfläche oder haben sie Neigung? Wo erkennt man das?

i) Was bedeuten die Flächen bei 23 und 24? In welchem Zusammenhang steht 23 mit 104?

j) Bei 28, 54, 123, 153 steht je eine zur Zeichenfläche senkrechte Kante. Wo sind diese Kanten als Linien zu erkennen?

k) Sind die Flächen 33, 46, 62, 67, 93, 100, 113, 139 Ebenen?

l) Zwischen den Punkten 60 und 61 liegen 2 Abrundungen mit den Halbmessern 4 und 14 mm. Wo liegen diese abgerundeten Kanten in den anderen Ansichten?

m) Wo liegt der Teil 64 im Schnitt $A-B$?

n) Bedeutung der Doppellinie bei 65?

o) Sind die Maße bei 73 und 74 Gewindedurchmesser?

p) Wo liegt das Loch bei 76 in der Draufsicht? Stellen diese Linien nur *ein* Loch dar?

q) Wo ist das Fenster bei 92 in anderen Bildern dargestellt?

r) Wo erfährt man die wahre Gestalt der Fläche bei 93? Wie steht sie zu Fläche 75?

s) Wie dick ist die Wand bei 101? Die Wand bei 103 ist sichtlich dicker gezeichnet. Maßangabe fehlt. Erklärung?

t) Wo liegen die den Kanten 105 und 106 entsprechenden Flächen in den anderen Ansichten?

u) Worin ist der Schrägverlauf der Linie 111 begründet?

v) Wanddicke bei 114 sichtlich geringer als bei 115. Wie groß ist der Maßunterschied?

w) Die Ansicht in der Pfeilrichtung bei 117 ist zu zeichnen. Desgleichen die Ansicht von unten.

x) Von M nach N läuft bei 122 ein Punkt in Pfeilrichtung auf dem Körper. Welchen Verlauf hat der Weg in der Seitenansicht?

y) Ist 130 die Darstellung eines Gewindes?

z) Liegen bei 158 und 162 kreisrunde Augen? Wo erhält man Auskunft?

Lösungen.

a) Bei 78, diese Mantellinie ist um 90° gegen die bei 1 versetzt.

b) 2 kennzeichnet Innenfläche der Gehäusewand (vgl. 35); 4 liegt dicht bei Punkt 111, gehört zu Durchbruch 92; 7 bei 119; 8 in der Vorderansicht links unten; 13 bei 44; 16 zwischen den Bezugslinien 43/44; 19 und 134 bei 132; 26 gehört zum angesetzten Auge 94/108; 30 bei 123; 31 ähnlich wie 123, aber in der Seitenansicht auf der rechten Seite von der vertikalen Achse; 32 und 38 gehören zum

Ausschnitt der Seitenansicht (links); 35 kennzeichnet Innenfläche der linken Seitenwand (vgl. 2); 36 kennzeichnet verstärkte Wand (vgl. 14); 39 und 47 ist Eingrenzung der am Loch bei 161 geschwächten Wand (vgl. 162); 41 bei 71; 42 und 51 bei 70; 44 bei 13; 45 bei 5; 49 bei 149; 55 Fläche zwischen 135 und 140; 58 ist der untere Teil der Fläche bei 55; 59 entspricht 13/44 auf der anderen Seite; 60 gehört zu Ausschnitt 72; 61 bei 153; 72 ist Ausschnitt wie 119; 77 und 78 Wandung der Lagerstelle Vorderansicht Mitte oben; 80, 82 und 83 entsprechen 3 verschiedenen Wanddicken bei 155, 151 und 160; 85 bei 107, man suche die Stelle in der Draufsicht; 88 bei 29; 89 bei 27; 91 bei 28; 97 und 98 bei 132; 99 bei 124; 108 bei 94; 109 Vertiefung über 94; 118 vgl. unteren Endpunkt der schrägen Linie bei 6; 128 bei 127; 129 vgl. gestrichelten Kreis unterhalb Punkt 29, siehe auch 11; 133 liegt bei 106, gehört zu Öffnung 104/156; 135 bei 54; 136 vgl. unteren Endpunkt der Linie 58; 137 (sichtbare Linie) gehört zu 149a; 138 bei 99/124; 140 liegt am Bauch der Linie 55/58; 141 siehe 69; 146 Mantellinie der Bohrung 36 $\varnothing$ (Schnitt $A-B$); 147 bei 50; 161 liegt unter der Fläche 46/159.

c) Bei 3 ist die Wand 14 mm dick; bei 17 8 mm; bei 46 10 mm; bei 62 8 mm; senkrecht zur Wandfläche gemessen; bei 66 14 mm; bei 75 8 mm; bei 100 8 mm; bei 154 14 mm.

d) 9 schlägt an bei 121; 17 über Punkt 24, links davon; 22 kein Anschlag; 24 bei 96; 63 bei 87; 68 bei 53; 92 bei 102; 100 wie bei 17; 113 tiefste Stelle der Bohrung 36 $\varnothing$; 120 trifft Fläche 34; 126 bei 116; 139 bei 64a; 144 bei 57; 148 bei 52; 156 kein Anschlag; 157 tiefste Stelle des halbrunden Lagers; 163 bei 40.

e) 10 bei 120; 34 bei 120; 50 bei 67; 56 bei 142; 79 bei 3 und 154; 81 bei 46; 86 Fläche zwischen den Punkten 29 und 31; 95 Fläche mit den Halbmessern 12 und 15 (Vorderansicht links unten); 110 Fläche zwischen Pfeilspitze 86 und Kante 85; 125 Kreisringfläche bei 11 (siehe auch Vorderansicht); 131 Zylindermantelfläche (Vorderansicht unten links); 143 Kreisringfläche, 36/54 mm $\varnothing$ (Schnitt $A-B$); 159 bei 46.

f) 12 und 144 liegen in gleicher Ebene bei 41 und 57; 20 pfeilberührt bei 53, siehe auch 68.

g) Bei 43 und Seitenansicht oben links; 18 Vorderansicht unten Mitte.

h) 20 in der Draufsicht geneigt von rechts oben nach links unten; 62 geneigt, siehe Seitenansicht, vgl. 87; 100 parallel zur Zeichenfläche, bei Bewegung in Pfeilrichtung nachher ansteigend; 113 zylindrische Hohlfläche; 154 Ebene, parallel zur Zeichenfläche.

i) 23 und 104 stellen den gleichen Durchbruch dar (vgl. 90/96); 24 ist die Ansicht auf die Wand bei 96.

j) 28 bei 91; 54 bei 135; 123 bei 30; 153 bei 61.

k) 33 ist Teil einer Zyl.-Mantelfläche (Seitenansicht, vgl. 121); 46 Ebene; 62 Ebene, oben und unten gekrümmt; 67 Ebene; 93 gekrümmt; 100 im bezeichneten Teil Ebene; 113 Zyl.-Mantelfläche; 139 Ebene.

l) Abrundung mit 14 mm Halbmesser liegt im Bereich 142; Abrundung mit 4 mm Halbmesser erstreckt sich über die ganze übrige Länge der betr. Kante.

m) Der Teil 64 liegt bei 109 und zwar oberhalb der Schnittfläche.

n) Die beiden Linien haben nichts miteinander zu tun. Die obere kurze Linie gehört zum Ausschnitt bei 72, die untere längere Linie zur Bohrung 36 mm $\varnothing$ mit Nute, Schnitt $A-B$.

o) Die Maße bei 73 und 74 haben keinen Sinn! Die Gewinde überlagern einander in der Seitenansicht.

p) 2 Löcher, in der Seitenansicht einander verdeckend (8 $\varnothing$).

q) Bei 112.

r) Zwischen 25 und 28, zweigt von der Ebene 75 bei 91 ab.

s) 8 mm dick; 103 muß dicker gezeichnet werden, weil die Wand schräg geschnitten wird.

t) 105 bei 90; 106 bei 24 und 133.

u) Durch die Krümmung der Fläche 93.

v) Zylinder ist auf Seite 114 abgeflacht. (Vgl. 86) Unterschied 2 mm.

w) Diese Aufgabe ist als Übung für den Leser gedacht.

x) Bei 87 berührte Linie gibt den Weg an (M' bis N').

y) Nein, es liegen zwei Löcher (8 und 11 mm $\varnothing$) übereinander.

z) Form von 158 bei 48 und 84; von 162 bei 39.

Anmerkung: Die an verschiedenen Durchmesser-Maßen stehenden Buchstaben L, G, H, F bedeuten Laufsitz, Gleitsitz, Haftsitz, Festsitz (DIN-Passungs-System).

10. Vierfachstahlhalter mit Untersatz (Abb. 123···140)[1].

Aufgaben und Fragen.

a) Die den Teilen 1, 3, 6, 9, 10, 11, 15, 16, 17, 18, 23, 24, 26, 27, 28, 30, 31, 32, 33, 37, 39, 40 der Zusammenstellung Abb. 123 und Teileliste (Tabelle 7) entsprechenden Teile der Einzelteildarstellungen sind zu nennen. (Beispiel: 40 in Abb. 123 entspricht 104 in Abb. 126.)

b) Welche Passungen sind gemäß Seite 44 vorzuschreiben bei 2, 4, 5, 7, 14, 19, 22, 25, 34, 35?

c) Nach der Zeichnung greift Schraube 11 bei 8 in den Deckel 9 ein. Was ist kritisch dazu zu sagen?

d) Welche Bedeutung hat der Kegelstift 10?

e) Wieviele Spannschrauben 11 gehören zu dem Stahlhalter?

f) Wie ist die nicht schraffierte Fläche 12 am Teil 17 zu erklären?

g) Welchen Sinn haben die Gewinde bei 13 und 29?

h) Darf die Mutter 17/131 beliebig fest angezogen werden? Warum macht man die Teile 9 und 17 nicht aus *einem* Stück? Warum ist das Muttergewinde linksgängig?

i) Die Maße bei 20 und 21 sind rechnerisch zu ermitteln.

j) Welche Angaben braucht man für die Anfertigung von Schraubenfedern, wie 26 und 33?

k) Warum legt man unter die Büchsen 23 und 31 Scheiben 30? Inwiefern ist die Zeichnung bez. der Büchse 23 fehlerhaft?

l) Welchen Sinn hat der dünn gezogene Linienzug bei 38?

m) Wieviele Löcher 41 sind vorhanden? Welchen Sinn haben sie?

---

[1] Zeichnung stammt von der Firma Heidenreich & Harbeck, Hamburg.

Vierfachstahlhalter mit Untersatz.

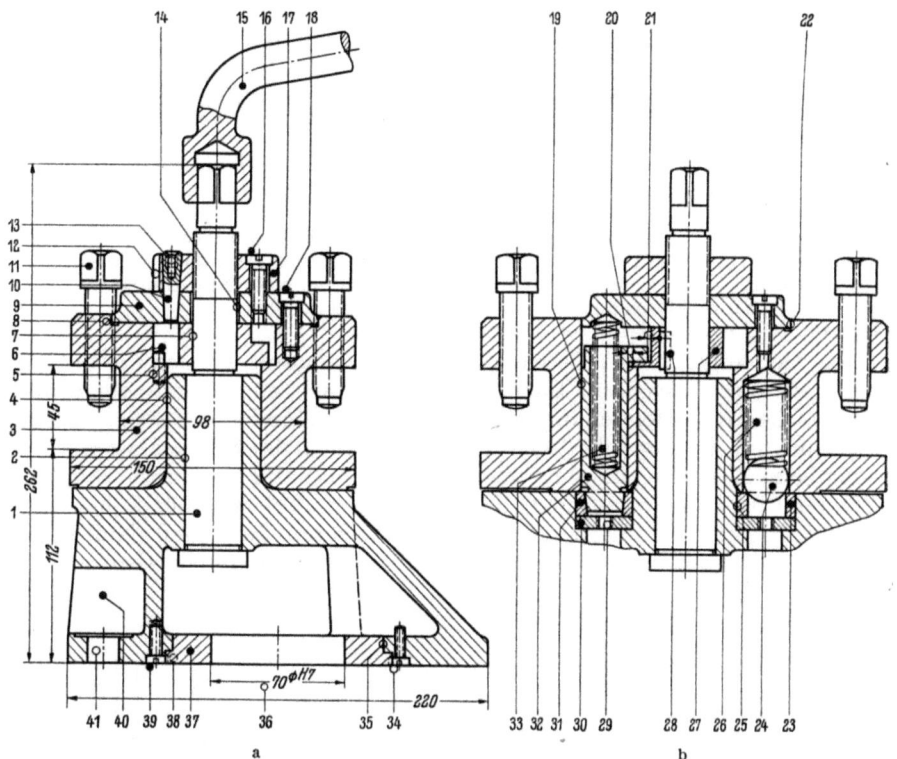

Abb. 123a u. b. Vierfachstahlhalter, Zusammenstellung. (Heidenreich & Harbeck, Hamburg).
Abb. 123a u. b. Vierfachstahlhalter, Zusammenstellung. (Heidenreich & Harbeck, Hamburg).

Tabelle 7. *Teile-Liste zum Vierfachstahlhalter.*

1	2	3	4	5	6
Lfd. Nr.	Stückzahl	Benennung	Werkstoff	Stück-Nr. in der Zeichnung	Bemerkung Modell-Nr. / Rohmaße
1	1	Untersatz	GG 22	40	
2	1	Zentrierring	C 45	37	
3	1	Schraubendruckfeder	Federdraht	26	20—25—208/0 (4)
4	1	Schraubendruckfeder	Federstahl	33	20—25—210/0 (4)
5	1	Deckel z. Stahlhalter	GG 18	9	
6	1	Mutter	C 45	17	
7	4	Abdrückscheibe	norm	30	
8	1	Vierfachstahlhalter	C 60	3	
9	1	Schraube z. Stahlhalter	C 45	1	
10	1	Kurvenscheibe	C 45	27	
11	1	Sperrstift	16 MnCr5	32	
12	4	Arretierbuchse	norm	23/31	
13	1	Schlüssel mit Innenvierkant	norm	15	
14	1	Zylinderstift	norm	6	6×16 DIN 7
15	2	Zylinderschraube	norm	39	M 6×15 DIN 84
16	6	Zylinderschraube	norm	16/18	M 8×25 DIN 84
17	12	Vierkantschraube	norm	11	M 16×60 DIN 480
18	1	Paßfeder	norm	28	5×5×20 DIN 6885
19	1	Stahlkugel	norm	24	24 ⌀
20	2	Kegelstift	norm	10	8×36

Einschaltung: An dieser Stelle sei einiges über Passungen eingefügt, die bei verschiedenen der gestellten Aufgaben und Fragen eine Rolle spielen: Die Passungen waren ursprünglich im DIN-System genormt. Daraus ist dann das internationale ISA-System entwickelt worden.

Bezeichnungen und Erläuterungen zu Abb. 124 und 125.

N Nennmaß; d. i. das Maß, welches zahlenmäßig in die Zeichnung eingetragen wird; Null = Null-Linie = Nennmaß;
G Größtmaß; bei Überschreiten dieses Maßes gilt das Stück als unbrauchbar;
K Kleinstmaß; bei Unterschreiten dieses Maßes gilt das Stück als unbrauchbar;
A_o oberes Abmaß = Abweichung des Größtmaßes vom Nennmaß (Null-Linie);
A_u unteres Abmaß = Abweichung des Kleinstmaßes vom Nennmaß;
T Toleranz = Unterschied von Größt- und Kleinstmaß.

Diese hier angegebenen Bezeichnungen sind genormt, ebenso wie die übrigen Grundlagen der *Passungen*. Dabei handelt es sich einmal um die *Größe* der Toleranz, die die Herstellungsgenauigkeit des einzelnen Stückes bestimmt, und sodann um die *Lage* der Toleranz zum Nennmaß des Stückes, woraus sich die Passung beim Zusammenbau mit einem zweiten, ebenfalls tolerierten Stück ergibt.

Während im ISA-System die Größenordnung der Toleranz mit Zahlen gekennzeichnet wird, gibt man die Lage dieser Toleranz zum Nennmaß (Null-Linie) bei Bohrungen mit großen, bei Wellen (Bolzen) mit kleinen Buchstaben an.

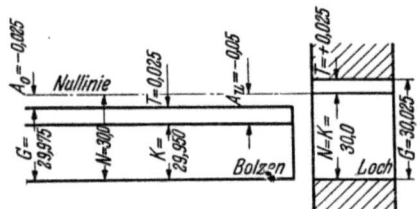
Abb. 124. Passung für Bolzen 1 (Abb. 123 und 127).

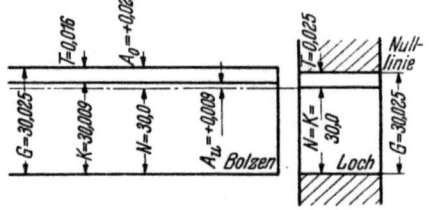
Abb. 125. Passung für die Buchsen 23 und 31 (Abb. 123).

Beispiel: *Bohrung* 30 ⌀ H 7 in Abb. 126: Die Toleranz in der durch die Nummer (Qualität) 7 für 30 mm ⌀ gekennzeichneten Größe von 0,025 mm grenzt an die Null-Linie. Das ist durch den Buchstaben H festgelegt, und zwar liegt sie vom Nennmaß nach außen hin. Daher ist für diese Bohrung $A_o = T = +0,025$ mm und $A_u = 0$. Im System „Einheitsbohrung" werden alle Bohrungen mit dieser Toleranzlage H ausgeführt. Die notwendigen Durchmesser-Unterschiede zur Erzielung der Passung zwischen Welle und Bohrung werden an der Welle vorgesehen.

Bolzen 30 ⌀ f 7 in Abb. 127: Das Toleranzfeld dieser Welle ist durch den Buchstaben f festgelegt und liegt um 0,025 mm *unter* der Null-Linie. Die Toleranz der Qualität 7 beträgt bei 30 mm ⌀, wie schon oben bei der Bohrung, 0,025 mm, so daß für diese Welle $A_o = -0,025$ mm und $A_u = -0,05$ mm wird.

In der Abb. 125 ist die Bohrung genau so wie eben besprochen, aber die Welle muß stärker sein, weil „Treibsitz" statt „Laufsitz" verlangt wird. Das Toleranzfeld der Welle liegt daher, gekennzeichnet durch den Buchstaben m, um ein bestimmtes Maß, hier 0,009 mm, *über* der Null-Linie. Außerdem ist hier, wie allgemein bei Haftsitzen, zwecks größerer Herstellungsgenauigkeit zur größeren Sicherheit der Passung, eine engere Toleranz, nämlich Qualität 6 gewählt, die bei 30 mm ⌀ 0,016 mm beträgt. So wird für die Welle $A_o = +0,025$ mm und $A_u = +0,009$ mm.

---

n) Welche Bedeutung hat der gestrichelte Kreisbogen bei 42 ?
o) Der Sinn der Linien bei 43, 46, 47, 52, 73, 75, 77, 94, 96, 98, 99, 102, 152, 164, 174 ist an Hand der anderen Ansichten zu deuten.

p) In den Punkten bei 44, 49, 50, 51, 57, 65, 69, 78, 95, 100, 103, 135, 137, 140, 170, 171, 173, 175 wird ein Lot senkrecht zur Zeichenfläche auf den Körper gefällt. An welcher Stelle in den anderen Ansichten erfolgt der Anschlag?

q) Die Punkte bei 49, 50, 51, 95, 100, 103 sind entsprechend ihrem Abstande von der Zeichenebene zu ordnen.

r) Was bedeutet „angekreist" bei 55?

s) Die pfeilberührten Flächen bei 58, 120, 126, 142, 144, 150, 156, 160, 168 sind in den anderen Ansichten aufzusuchen und zu umfahren.

t) Zu 6 mm Halbmesser bei 66 gehören 8 mm bei 149. Warum sind die Halbmesser verschieden groß?

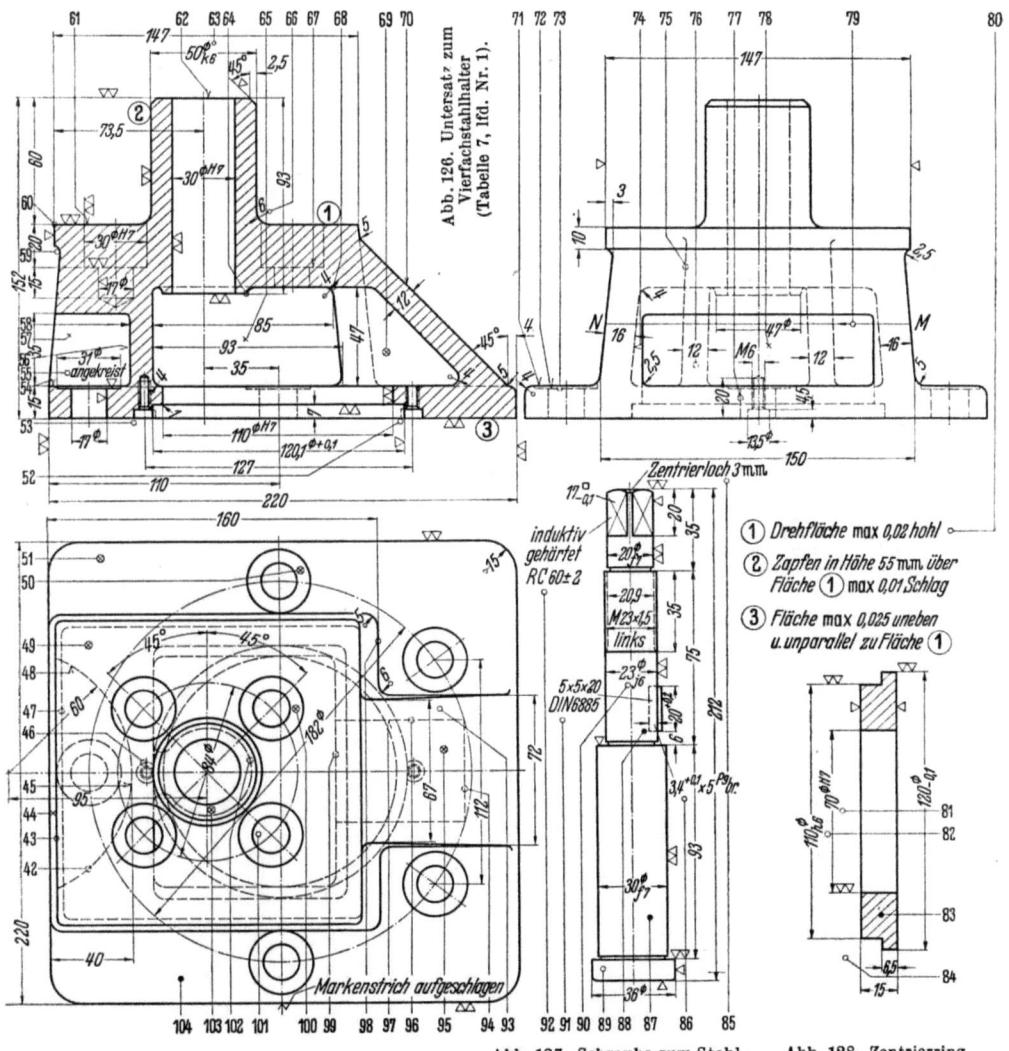

Abb. 126. Untersatz zum Vierfachstahlhalter (Tabelle 7, lfd. Nr. 1).

Abb. 127. Schraube zum Stahlhalter (Tabelle 7, lfd. Nr. 9).

Abb. 128. Zentrierring (Tabelle 7, lfd. Nr. 2).

46   Leseübungen an Werkstattzeichnungen.

u) Was bedeutet bei 80 die Angabe (1) „Drehfläche max 0,02 hohl"; (2) „Zapfen in Höhe 55 mm über Fläche (1) max 0,01 Schlag"; (3) „Fläche max 0,025 uneben und unparallel zu Fläche (1)";

        bei 125   (1) „Schlag max 0,03";
        bei 127   „gehärtet RC 45^{+5}";
        bei 105   (1)(2) „Stirnschlag max 0,01 mm";
        bei 128   „Seiten beim Gewindeschneiden hochziehen";
        bei 109   „bei Montage gebohrt",;
        bei 85   „Zentrierloch 3 mm";
        bei 92   „induktiv gehärtet RC 60$^{\pm 2}$" ?

v) Wo steht die 12 mm dicke Wand bei 76 in den anderen Ansichten?

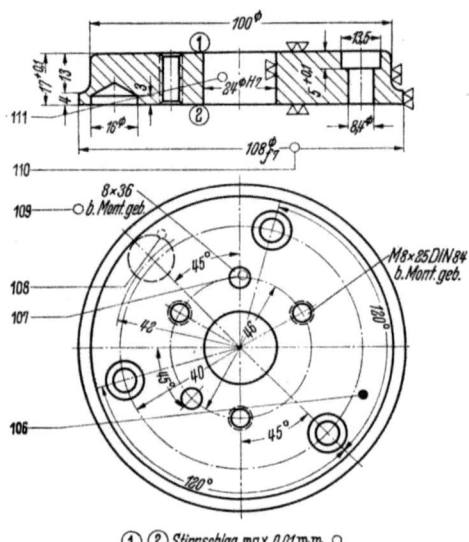

Abb. 129. Deckel zum Stahlhalter (Tabelle 7, lfd. Nr. 5).

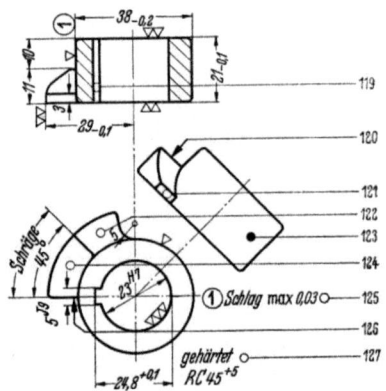

Abb. 131. Kurvenscheibe (Tabelle 7, lfd. Nr. 10).

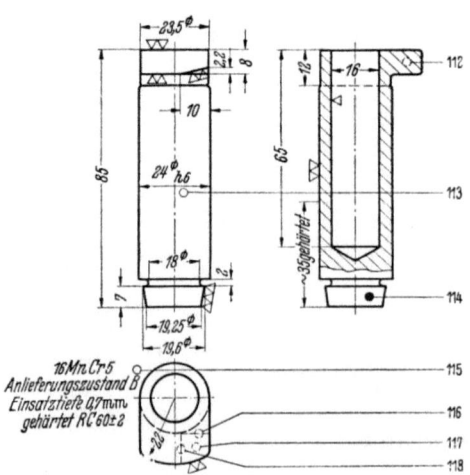

Abb. 130. Sperrstift (Tabelle 7, lfd. Nr. 11).

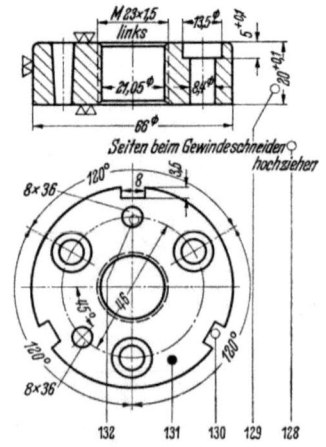

Abb. 132. Mutter (Tabelle 7, lfd. Nr. 6).

w) Ein Schreibstift gleitet bei 79 auf der Oberfläche des Körpers von M nach N. Die Bahn der Stiftspitze ist aufzuzeichnen.

x) Was bedeutet bei 115 „16 MnCr 5"; bei 86 „$3{,}4^{+0{,}1} \times 5^{Pg}$ br."; bei 91 „$5 \times 5 \times 20$ DIN 6885"; bei 133 „$6 \, \varnothing_{m6} \times 16$" ?

y) Warum hat der Zapfen bei 114 Kegelform und nicht die billiger herstellbare Zylinderform?
Wodurch wird verhindert, daß sich Sperrstift 114 bei Drehung des Stahlhalters, also bei Anschlag von 114 an 123 um seine Achse dreht?

z) Steht die bei 117 liegende unsichtbare Fläche parallel zur Zeichenfläche? Welche der beiden Linien 116 u. 118 ist die Projektion einer Fläche? Welche Kanten der Fläche 117 laufen zur Zeichenfläche parallel?

aa) Welche Bedeutung hat die Doppellinie bei 119?

bb) Läuft die Fläche 121 zur Zeichenfläche parallel? Wo liegt diese Fläche in der Vorderansicht und in der Draufsicht?
Entsprechende Betrachtungen sind für 122 und 124 anzustellen.

cc) Welchen Sinn hat das Loch 107? Welche Gestalt hat es im Endzustand? Mit welchem Loch in einem anderen Körper kommt es zusammen? Welcher Gegenstand füllt das Loch aus?

dd) Wozu dienen die drei Nuten wie bei 130?

ee) Was bedeutet der gestrichelte Kreis 108?

ff) Welchen Sinn haben die Einstiche am Bolzen 87?

gg) Welchen Sinn haben die vier Löcher wie bei 101?

hh) In welchem anderen Teil kommen dem Loch 134 entsprechende Löcher vor? Welcher Körper verbindet beide Teile?

ii) Welchen Sinn haben die 12 Gewindelöcher wie bei 136?

jj) Die Bedeutung der Punkte 138 und 139 ist im Schnitt $A-B$ zu klären.

kk) Warum ist bei dem Maß 64 $\varnothing$ bei 147 keine Passungsangabe gemacht?

ll) Was bezweckt man mit der Eindrehung 153 (Rundnute)?

mm) Wo liegt die Schnittfläche 162 in der Draufsicht?

nn) Wie groß sind die beiden Maße bei 167?

oo) Bei welchem anderen Körper wiederholt sich die Hälfte von 84 mm bei 172?

pp) Welchen Sinn hat der Stift 175?

qq) Die Wirkungsweise des Vierfachstahlhalters ist zu beschreiben.

rr) Wodurch wird verhindert, daß sich Teil 3 unter Wirkung des Schnittdrucks um seine Achse dreht?

ss) Welche Teile sind hochbeansprucht?

tt) Warum sind die Teile 6, 10, 11, 15, 16, 18, 23, 24, 30, 31, 39 bei den Einzelteilen nicht dargestellt und vermaßt?

uu) Der Zusammenbau des Vierfachstahlhalters ist zu beschreiben.

Lösungen

a) Teil 1 entspricht 87; 3 →141; 9 →106; 17 →131; 27 →123; 28 →88; 32 →114; 37 →83; 40 →104; die Teile 6, 10, 11, 15, 16, 18, 23, 24, 30, 31, 39 sind als Normteile nicht besonders aufgezeichnet (siehe Teileliste Tabelle 7). Die Federn 26 u. 33 werden nach den Angaben in der Tabelle 7 bestellt.

b) 2: Bolzen 1 hat im Loch merkliches Spiel (Laufsitz), daher die Passung:
$$30 \, \varnothing \, H7/f7 = 30^{+0{,}025}/30^{-0{,}025}_{-0{,}050} \quad \text{(Abb. 124)}.$$

4: Der Werkzeugträger 3 darf auf dem Zapfen kein Spiel haben, muß sich aber mit dem Schlüssel von Hand bewegen lassen (Haftsitz), daher:
$$50 \, \varnothing \, H7/k6 = 50^{+0{,}03}/50^{+0{,}032}_{+0{,}002}$$

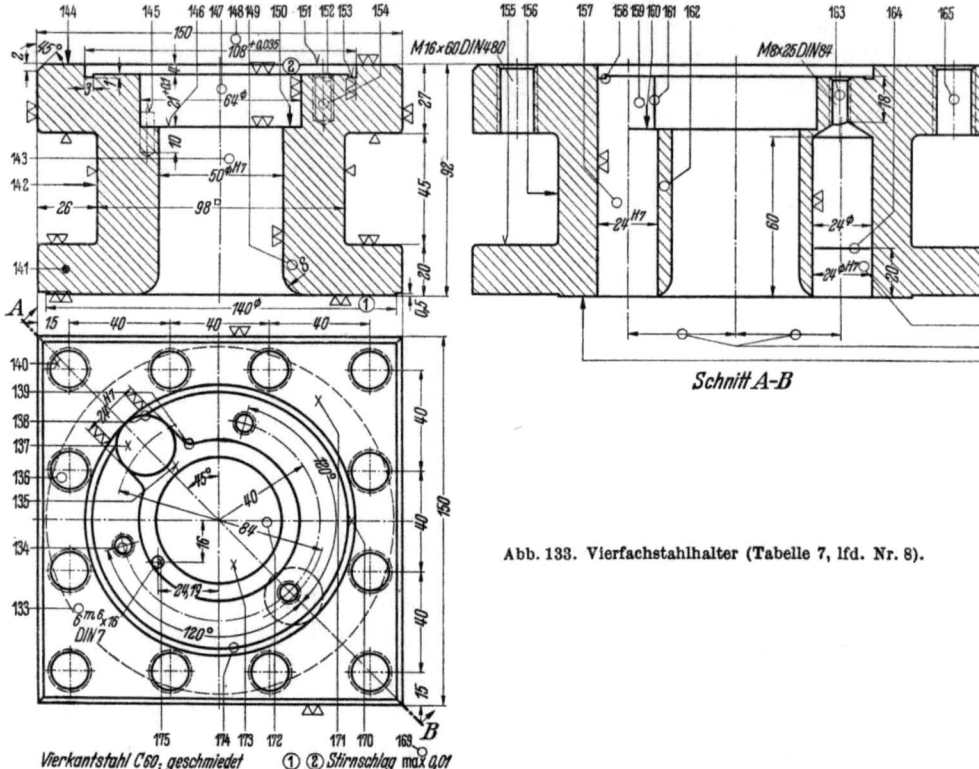

Abb. 133. Vierfachstahlhalter (Tabelle 7, lfd. Nr. 8).

5: Der Stift wird in das Loch hineingepreßt (Treibsitz), daher:
$$6 \varnothing \mathrm{H}7/\mathrm{m}6 = 6^{+0,015}/6^{+0,015}_{+0,006}$$

7: Die Kurvenscheibe 27 soll sich ohne Spiel von Hand auf die Spindel 1 schieben lassen (Schiebesitz), daher:
$$23 \varnothing \mathrm{H}7/\mathrm{j}6 = 23^{+0,021}/23^{+0,009}_{-0,004}$$

14: $24^{H7}/23_{j6}$, hier deutet schon der zahlenmäßige Unterschied in den Durchmessern auf viel Spiel.

19: Der Sperrstift 32 muß sich spielfrei, aber verhältnismäßig leicht im Loch schieben lassen (Gleitsitz), daher:
$$24 \varnothing \mathrm{H}7/\mathrm{h}6 = 24^{+0,021}/24_{-0,013}$$

22: Deckel 9 kann in seiner Passung merklich Spiel haben (Laufsitz), daher:
$$108 \varnothing \mathrm{H}7/\mathrm{f}7 = 108^{+0,035}/108^{-0,036}_{-0,071}$$

25: Die Büchsen 23/31 werden fest eingepreßt (Treibsitz), daher:
$$30 \varnothing \mathrm{H}7/\mathrm{m}6 = 30^{+0,025}/30^{+0,025}_{+0,009} \quad (\text{Abb. 125})$$

Die unter 23/31 liegenden Scheiben sollen sich von Hand noch eindrücken lassen. (Gleitsitz), daher: $30 \varnothing \mathrm{H}7/\mathrm{h}6$.

34: Der Bund des Zentrierringes 37 soll leicht in die Bohrung gehen, deshalb große Toleranz, daher: $120,1^{+0,01}/120,0_{-0,1}$.

35: Der Ring soll zentrieren, deswegen nur wenig Spiel (Gleitsitz), daher:
$$110 \varnothing \mathrm{H}7/\mathrm{h}6 = 110^{+0,035}/110_{-0,022}.$$

c) Die Schraube greift nicht in den Deckel ein. Siehe Draufsicht des Teils 141.

d) Die beiden Kegelstifte, früher "Prisonstifte" genannt, halten die Lage der Teile 9 und 17 so gegeneinander fest, daß nach Auseinandernehmen beider Teile beim Wiederzusammensetzen ohne besondere Einrichtarbeit die gleiche Lage wieder erreicht wird.

e) 12 Spannschrauben.

f) Der Schnitt führt durch eine der Nuten 130.

g) Gewinde 13 ermöglicht das schlaglose Herausziehen des Kegelstiftes. (Dazu gehört eine einfache Ausziehvorrichtung.)

Gewinde 29 ermöglicht ähnlich das Herausziehen der Büchse 31.

h) Die Mutter 17 wird so fest angezogen, daß der Bund der Spindel 1 ohne Spannung zur Anlage kommt. Sie wird erst angezogen, wenn der Deckel 9 aufgesetzt und verschraubt ist. Deshalb dürfen beide Teile nicht *ein* Stück sein. Erst nach Einregulierung der Lage der Teile werden die Kegelstiftlöcher gebohrt. Das Spindelgewinde (metr. Feingew.) ist linksgängig. Da die Spindel, um den Kegel 114 auszuheben im entgegengesetzten Uhrzeigersinne gedreht werden muß, würde sie sich bei Rechtsgewinde aus der Mutter herausdrehen wollen und damit das ganze System zusammenspannen.

i) Maß 20: $42 - (12 + 29) = 1$ mm

Maß 21: $42 - (22 + 19) = 1$ mm.

j) Anzugeben sind: Werkstoff, Drahtdurchmesser, Wicklungsdurchmesser, Anzahl der Windungen, ungespannte Länge.

k) Da der Sperrkegel nacheinander in alle vier Büchsen eingreifen muß, so darf das Loch in 23 nicht zylindrisch, sondern muß auch kegelförmig sein.

l) Hier greift der Schraubenkopf in den Ring 37 ein und hält ihn in seiner Lage fest.

m) Fünf Löcher für Befestigungsschrauben.

n) Der gestrichelte Kreisbogen begrenzt die Aussparung bei 55.

o) 43 bei 60; 46 bei 53; 47 bei 59; 52 Andeutung des Eingriffs in Ring 83; 73 Ankreisung, damit die Mutter der Befestigungsschraube eine bearbeitete Auflagefläche hat; 75 begrenzt den Ausbau bei 95; 77 Grenzlinie eines Befestigungsloches; 94 begrenzt den Hohlraum bei 69; 96 wie 94; 99 bei 68; 102 bei 64; 152 Aussenkung des Gewindes; 164: bis zu dieser Linie ist das Loch maßgerecht sauber zu bearbeiten; 174 Grenzkante der Nute bei 153.

p) 44 bei 54; 49 bei 61; 50 bei 72; 51 bei 71; 57 bei 48; 65 bei 74; 69 bei 97; 78 bei 56 und 45; 95 bei 70; 100 bei 67; 103 bei 62; 135 bei 146; 137 kein Anschlag; 140 bei 155; 170 bei 153; 171 bei 151; 173 kein Anschlag; 175 bei 145.

q) $50 - 51 - 95 - 100 - 49 - 103$.

r) "Angekreist" bedeutet, daß die Kreisringfläche 17/31 mm $\varnothing$ soweit bearbeitet wird, daß sie sauber und eben ist (Mutter-Auflagefläche).

s) 58 ist eine Zylindermantelfläche, Halbmesser $r = 60$ mm; 120 entspricht 122; 126 (siehe Vorderansicht) Rechteck 10×3 mm; 142 Rechteck 98×45 mm; 144 siehe Abb. 134; 150 siehe Abb. 135; 156 ist eine Kante, keine Fläche; 160 gleichbedeutend mit 150; 168 Kreisringfläche 140/50 mm $\varnothing$ (Abrundung 8 mm und Löcher nicht berücksichtigt).

t) Siehe Abb. 137. Würde man beiden Teilen gleichen Abrundungshalbmesser geben (Bild a), so bedeutete das unnütze kostspielige Paßarbeit. Ist der Halbmesser bei 3 kleiner als bei 40, so entsteht ein Spalt, wo Auflage notwendig ist (Bild b); deshalb Ausführung nach Bild c.

u) (1) „Drehfläche max 0,02 hohl" bedeutet, daß die Auflagefläche (1) für Teil 3/141 nur um 0,02 mm von der Ebene abweichen darf, was durch Abtasten mit der Meßuhr festgestellt wird.

(2) „Zapfen in Höhe 55 mm über Fläche (1) max 0,01 Schlag" bedeutet, daß die Achse des Hohlzapfens (50 auf 30 mm $\varnothing$) in Höhe von 55 mm über Fläche (1) um nicht mehr als 0,01 mm von der theoretischen Achse, senkrecht zur Fläche (1) abweichen darf. Feststellung durch Abtasten einer Mantellinie mit der Meßuhr.

(3) „Fläche max. 0,025 uneben", wie bei (1) zu erklären.

„Fläche max 0,025 mm unparallel" zu (1), wie Abb. 139 zeigt.

125 wie bei 80(2).

127: „gehärtet RC45^{+5}" bedeutet Rockwell-Diamanthärte 45···50 Härteeinheiten. Bei der Rockwell-Härteprüfung wird ein Diamantkegel zunächst mit einer Vorlast von 10 kg, dann allmählich zunehmend mit einer Hauptlast von 150 kg in den Werkstoff gedrückt. Der Unterschied der Eindrucktiefe zwischen diesen beiden Laststufen, gemessen in Einheiten von 0,002 mm, abgezogen von 100, ergibt das Maß der Härte.

105: wie bei 80(3).

128: Damit die Achse des Gewindes zu den Stirnflächen senkrecht steht, werden diese erst nach dem Gewindeschneiden „hochgezogen" (plan gedreht).

109: Erst wenn die Teile 40, 1, 9, 17 durch Einregulieren ihre richtige Lage zueinander erhalten haben und fest miteinander verschraubt sind, werden die drei Gewindelöcher und die beiden Paßstiftlöcher gebohrt und letztere kegelförmig aufgerieben. Die Paßstifte ermöglichen nach Auseinandernehmen beim Wiederzusammenbau ohne Regulierarbeit die Wiederfindung der richtigen Lage.

85: Das kegelförmig ausgesenkte Zentrierloch nimmt die Drehbankspitze auf. Es soll immer den gleichen Durchmesser (3 mm) haben.

92: „Induktiv gehärtet" bedeutet, daß die erforderliche Glühtemperatur für das Härten elektrisch (geht schnell und kann auf bestimmte Temp. genau abgestimmt werden) erzeugt werden soll.

v) bei 69 und 93.   w) Siehe Abb. 136.

x)
bei 115 Bezeichnung „16 MnCr 5" (früher „EC 80") Einsatzstahl mit 0,15% C, 1,25% Mn, 0,95% Cr; 85 $\div$ 110 kg/mm² Zugfestigkeit, hohe Verschleißfestigkeit;
bei 86 Bezeichnung „$3,4^{+0,1} \times 5^{P9}$ br." siehe Abb. 138;
bei 91 Bezeichnung „5 × 5 × 20 DIN 6885": Genormte Federmaße 5 × 5 × 20 mm;
bei 133 Bezeichnung „6 $\varnothing_{m6} \times 16$" siehe Frage b Stelle 5; Stift ist 16 mm lang.

y) Der kegelförmige Zapfen findet den Zugang zum Loch leichter als der zylindrische Zapfen. Beim zyl. Zapfen wird man, namentlich nach Abnutzung, mit Spiel im Loch rechnen müssen; der Kegel schafft unter Federdruck immer eine feste Verbindung. Eine Drehbewegung des Sperrstiftes um seine Achse ist unmöglich, weil sich der Ansatz 112 in die Aussparung bei 159 einlegt. (Vgl. entspr. Stelle in der Draufsicht des Teils 141 bei 138/139).

z) Die Fläche hat Neigung (siehe Vorderansicht oben).

Linie 116 ist die Projektion eines Dreiecks; Linie 118 stellt eine Kante dar, läuft zur Zeichenfläche parallel.

aa) Sie ist die Projektion der Keilnute.

bb) Fläche 121 steht zur Zeichenfläche geneigt. In der Vorderansicht ist es das Rechteck 10 × 3 mm, in der Draufsicht Fläche bei 126.

Fläche 122 läuft zur Zeichenfläche parallel, sie ist identisch mit 120.

Vierfachstahlhalter mit Untersatz.

Fläche 124 ist eine Schraubenfläche; sie ist die Fläche zwischen 120 und 121.
cc) Das Kegelloch 107 ist, mit Kegelstift ausgefüllt, bei 10 sichtbar.
dd) Sie dienen unter Benutzung eines Hakenschlüssels zum Anziehen und Lösen der Mutter.
ee) Der Kreis 108 ist die Projektion des Sackloches (16 mm ⌀, 3 mm tief), in das sich die Feder 33 einlegt.
ff) Der Bolzen wird auf der Rundschleifmaschine bearbeitet. Die Schleifscheibe muß einen Überlauf haben, damit sie die Zylinderfläche vollständig bearbeitet, ohne die Bundstirnfläche zu berühren (Abb. 140).
gg) Siehe 23 und 31.
hh) Die Bedeutung der Löcher ist bei 18 zu erkennen.

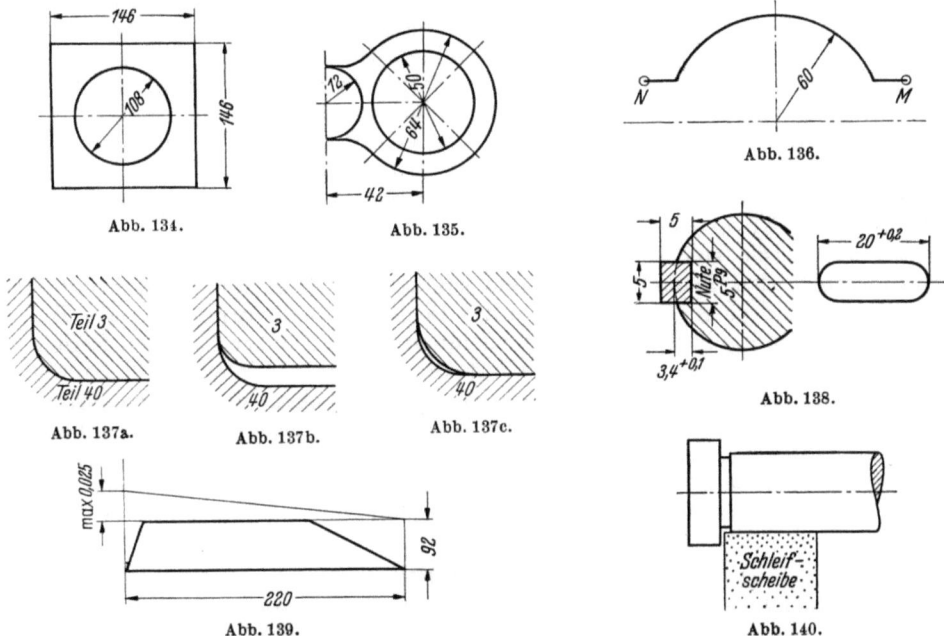

Abb. 134. Abb. 135. Abb. 136.
Abb. 137a. Abb. 137b. Abb. 137c. Abb. 138.
Abb. 139. Abb. 140.

ii) Es sind die Gewindelöcher für 12 Vierkantschrauben, mit denen die Schneidstähle festgespannt werden.
jj) Punkt 138 findet seine Erklärung bei 158; Punkt 139 bei 161.
kk) Bei dem Maß kommt es auf einen halben Millimeter nicht an.
ll) Die Nute sichert satte Auflage der Auflagefläche des Deckels 9.
mm) Bei 135.
nn) Jedes gleich 42 mm.
oo) Am Körper 106.
pp) Ein Anschlagstift, der die Drehung der Kurvenscheibe 27/123 begrenzt.
qq) Der Stahlhalter trägt vier Schneidstähle, die nacheinander zum Einsatz kommen sollen. Angenommen, ein Drehstahl habe seinen Arbeitsgang beendet; dann bewegt man durch Linksdrehen mit dem Schlüssel 15 die Spindel 1 und die Kurvenscheibe 27 solange, bis die Schrägfläche 124, unter der Schrägfläche 117 gleitend, den Kegelzapfen am Sperrstift 32 ausgehoben hat. Dann kommt die Fläche 121 der Kurvenscheibe mit dem Stift 6 zur Anlage und bei Weiterdrehen (unter Überwindung des Kugelwiderstandes) dreht sich dann auch der Vierstahl-

halter 3. Sobald die Drehung von 3 den Betrag 90° erreicht hat, springt die Kugel fühlbar im nächsten Loch ein. Nun wird der Schlüssel im Uhrzeigersinne gedreht, der Sperrstift wird frei und springt unter Federdruck in das Kegelloch ein. Damit liegen die Schneidstähle in der neuen Lage unverrückbar fest.

rr) Der Kegelzapfen an Teil 32 verbindet Teil 3 unverrückbar mit dem Untersatz.

Bei nicht festgelegten Schrägstellungen des Stahlhalters kann man die Starrheit der Verbindung 3 mit 40 durch scharfes Anziehen der Spindel 1 erreichen.

ss) Die Teile 3, 11 und 32 sind hoch beansprucht.

tt) Die genannten Teile sind als Normteile (Massenherstellung) billiger fertig zu beziehen, als man sie selbst herstellen kann.

uu) Einzelteile peinlich reinigen und bearbeitete Stellen einfetten. Zentrierring 37 eindrücken, Löcher mit Versenkung für Schrauben 39 bohren und zugehöriges Gewinde schneiden. Zentrierring wieder heraus. Vier Abdrückscheiben 30 einlegen und vier Arretierbüchsen 31 einpressen. Stift 6 in Stahlhalter 3 eindrücken. Paßfeder 28 in Spindel 1 eindrücken. Spindel 1 in Untersatz 40 einführen, mit Holzstück unterlegen und Zentrierring eindrücken und verschrauben. Kurvenscheibe 27 aufschieben. Sperrstift 32 mit Feder 33 in Stahlhalter 3 einlegen. Feder 26 einlegen. Kugel 24 auf eine Arretierbüchse legen. Stahlhalter mit Teilen so aufsetzen, daß Feder 26 auf Kugel 24 zu liegen kommt. Mit Klemmvorrichtung Teile 3 und 40 zusammenpressen, so daß Auflageflächen aufeinander zu liegen kommen. Deckel 9 so aufsetzen, daß Feder 33 in Sackloch eingreift. Deckel leicht verschrauben. Mutter 17 aufdrehen bis zur Anlage am Deckel. Klemmvorrichtung ab. Teile 1, 9, 17, 27 so einregulieren, daß keine Klemmungen und unerwünschten Reibungen mehr bestehen. Drei Schrauben 18 fest anziehen. Gewindelöcher für Schrauben 16 und zwei Löcher für Paßstifte bohren. Paßstiftlöcher kegelförmig aufreiben. Alle Teile auseinandernehmen. Gewinde für Schrauben 16 in Deckel 9 schneiden. Bohrspäne beseitigen. Neu zusammenbauen ohne Holzstück, dabei Hohlraum um Kurvenscheibe 27 mit Schmiermittel füllen. Kegelstifte einschlagen, Schrauben 16 festziehen. Zwölf Spannschrauben einsetzen.

Schrifttum.

Die nachfolgende kleine Liste von Büchern stellt eine Auswahl von Schriften dar, mit deren Hilfe sich strebsame Leser in das Maschinenzeichnen selbst und in die wichtigsten Grundnormen, die Toleranzen und Passungen einarbeiten können.

TIMMERMANN: Grundlehrgang Techn. Zeichnen. Berlin: Verlag Berth. Schulz 1951.
BACHMANN u. VENT: Techn. Zeichnen. Leipzig: Teubner 1943.
VOLK, C: Das Maschinenzeichnen des Konstrukteurs. 9. Aufl. in Vorbereitung. Berlin/Göttingen/Heidelberg: Springer.
VOLK, C: Der konstruktive Fortschritt. 3. Aufl. Berlin/Göttingen/Heidelberg: Springer 1952.
VOLK, C.: Die maschinentechnischen Bauformen und das Skizzieren in Perspektive. 9. Aufl. Berlin/Göttingen/Heidelberg: Springer 1949.
BEINHOFF, Konstruktionsaufgaben für den Maschinenbau.- Berlin/Göttingen/Heidelberg: Springer 1950.
ZIMMERMANN u. BÖDRICH: Einführung in die DIN-Normen. Leipzig: Teubner.
DIN-Taschenbuch 1: Grundnormen. Berlin u. Köln: Beuth-Vertrieb.
DIN-Taschenbuch 4: Werkstoffnormen. Berlin u. Köln: Beuth-Vertrieb.
DIN-Taschenbuch 8: Zeichnungsnormen. Berlin u. Köln: Beuth-Vertrieb.
SENNER: Die ISA-Passungen in der Berufsausbildung. Stuttgart: Verlag „Das Industrieblatt".
SCHUH: Von DIN- zu ISA-Passungen. Karlsruhe: Verlag C. F. Müller.
REICHLE: Toleranzen, Passungen und Normen. Stuttgart: Verlag Reichle.

Die Hefte von SENNER und SCHUH bieten gleichwertig das Grundsätzliche über Passungen in leicht verständlicher Form. Wer sich eingehender mit der Sache befassen will, greift zu dem Buch von REICHLE.

Einteilung der bisher erschienenen Hefte nach Fachgebieten (Fortsetzung)

II. Spangebende Formung (Fortsetzung) Heft

Außenräumen. 2. Aufl. Von A. Schatz.................................... 80
Das Schleifen und Polieren der Metalle. 4. Aufl. Von O. Werkmeister............. 5
Spitzenloses Schleifen I — Maschinenaufbau und Arbeitsweise —. Von W. Hofmann 97
Spitzenloses Schleifen II — Zusatzvorrichtungen, Genauigkeits- und Schönheitsschliff —. Von W. Hofmann................................... 107
Läppen. Von H. H. Finkelnburg... 105
Werkzeugschleifen. Von A. Rottler.. 94
Feilen. 2. Aufl. Von B. Buxbaum (Im Druck)................................ 46
Das Sägen der Metalle. 2. Aufl. Von J. Hollaender......................... 40
Die Fräser. 4. Aufl. Von E. Brödner...................................... 22
Das Fräsen. 2. Aufl. Von Dipl.-Ing. H. H. Klein........................... 88
Die wirtschaftliche Verwendung von Einspindelautomaten. 2. Aufl. Von H.H.Finkelnburg 81
Die wirtschaftliche Verwendung von Mehrspindelautomaten. 2. Aufl. Von H.H.Finkelnburg 71
Werkzeugeinrichtungen auf Einspindelautomaten. 2. Aufl. Von F. Petzoldt...... 83
Werkzeugeinrichtungen auf Mehrspindelautomaten. Von F. Petzoldt.............. 95
Maschinen und Werkzeuge für die spangebende Holzbearbeitung. 2. Aufl. Von H. Wichmann 78

III. Spanlose Formung

Freiformschmiede I — Grundlagen, Werkstoff der Schmiede, Technologie des Schmiedens —. 4. Aufl. Von F. W. Duesing und A. Stodt......................... 11
Freiformschmiede II — Konstruktion und Ausführung von Schmiedestücken. Schmiedebeispiele —. 3. Aufl. Von A. Stodt....................................... 12
Freiformschmiede III — Einrichtung u. Werkzeuge der Schmiede —. 2. Aufl. Von A. Stodt 56
Gesenkschmieden von Stahl I — Technologische Grundlagen der Gestaltung von Schmiedestücken und Schmiedewerkzeugen —. 3. Aufl. Von H. Kaessberg............. 31
Gesenkschmieden von Stahl II — Die Gestaltung der Schmiedewerkzeuge —. 2. Aufl. Von H. Kaessberg... 58
Das Pressen der Metalle. Von A. Peter..................................... 41
Die Herstellung roher Schrauben I — Anstauchen der Köpfe —. Von J. Berger.... 39
Stanztechnik I — Schnittechnik —. 3. Aufl. Von E. Krabbe................... 44
Stanztechnik II — Die Bauteile des Schnittes —. 2. Aufl. Von E. Krabbe....... 57
Stanztechnik III — Grundsätze für den Aufbau von Schnittwerkzeugen —. Von E. Krabbe 59
Stanztechnik IV — Formstanzen —. 2. Aufl. Von W. Sellin.................... 60
Die Ziehtechnik in der Blechbearbeitung. 3. Aufl. Von W. Sellin............. 25
Hydraulische Preßanlagen für die Kunstharzverarbeitung. 2. Aufl. Von H. Lindner.... 82

IV. Schweißen, Löten, Gießerei

Die neueren Schweißverfahren. 7. Aufl. Von P. Schimpke.................... 13
Das Lichtbogenschweißen. 4. Aufl. Von E. Klosse........................... 43
Praktische Regeln für den Elektroschweißer. 3. Aufl. Von R. Hesse.......... 74
Widerstandsschweißen. 2. Aufl. Von W. Fahrenbach.......................... 73
Das Schweißen der Leichtmetalle. 2. Aufl. Von Th. Ricken................... 85
Schweißtechnische Berechnungen. Von E. Klosse............................. 102
Metallspritzen. Von K. Krekeler und K. Steinemer.......................... 93
Das Löten. 4. Aufl. Von R. von Linde...................................... 28
Fachkunde für den Modellbau. 2. Aufl. Von E. Kadlec....................... 72
Der Holzmodellbau I — Allgemeines, einfachere Modelle —. 3. Aufl. Von R. Löwer.... 14
Der Holzmodellbau II — Beispiele von Modellen und Schablonen zum Formen —. 3. Aufl. Von R. Löwer.. 17
Modell- und Modellplattenherstellung für die Maschinenformerei. 2. Aufl. Von H. Jung 37
Der Gießerei-Schachtofen im Aufbau und Betrieb. 4. Aufl. Von Joh. Mehrtens.... 10
Handformerei. 2. Aufl. Von F. Naumann..................................... 70
Maschinenformerei. Von U. Lohse †. 2. Aufl. Von H. Allendorf............... 66
Formsandaufbereitung und Gußputzerei. Von U. Lohse........................ 68

(Fortsetzung 4. Umschlagseite)

MIX
Papier aus verantwortungsvollen Quellen
Paper from responsible sources
FSC® C105338

If you have any concerns about our products,
you can contact us on
ProductSafety@springernature.com

In case Publisher is established outside the EU,
the EU authorized representative is:
**Springer Nature Customer Service Center GmbH
Europaplatz 3, 69115 Heidelberg, Germany**

Printed by Libri Plureos GmbH
in Hamburg, Germany